水利工程建设
与运行技术探索

赵艳艳 李太平 许士欣 ◎著

中国出版集团

中译出版社

图书在版编目（CIP）数据

水利工程建设与运行技术探索／赵艳艳，李太平，许士欣著． -- 北京：中译出版社，2024.2

ISBN 978-7-5001-7757-9

Ⅰ．①水… Ⅱ．①赵… ②李… ③许… Ⅲ．①水利建设②水利工程管理 Ⅳ．①TV6

中国国家版本馆 CIP 数据核字（2024）第 048593 号

水利工程建设与运行技术探索

SHUILI GONGCHENG JIANSHE YU YUNXING JISHU TANJIU

著　　者：赵艳艳　李太平　许士欣

策划编辑：于　宇

责任编辑：于　宇

文字编辑：田玉肖

营销编辑：马　萱　钟筏童

出版发行：中译出版社

地　　址：北京市西城区新街口外大街 28 号 102 号楼 4 层

电　　话：（010）68002494（编辑部）

邮　　编：100088

电子邮箱：book@ctph.com.cn

网　　址：http://www.ctph.com.cn

印　　刷：北京四海锦诚印刷技术有限公司

经　　销：新华书店

规　　格：787 mm×1092 mm　1/16

印　　张：12.5

字　　数：247 千字

版　　次：2024 年 2 月第 1 版

印　　次：2024 年 2 月第 1 次印刷

ISBN 978-7-5001-7757-9　　定价：68.00 元

前　言

随着我国经济的快速发展，水利工程项目建设数量在不断增加，人们的生活提供了保障，为社会的发展起到了显著的推动作用。将水利工程建设与运行管理进行有机结合是当前发展的趋势，但是在这一过程中存在一些问题，导致水利工程的作用难以充分有效地发挥出来。水利工程在兴利除害、防汛防旱、水生态及水环境保护等方面发挥了重要作用，也起到了促进社会进步的主要作用。水利工程管理单位在确保水利工程安全运行、保障水利工程效益充分发挥方面占有重要地位，但是在发展过程中显露出了一些问题，尤其是在水利工程建设与管理方面存在一些不科学之处。

我国近些年经济体量不断增大，政府层面对于水利工程也越来越重视，而水利工程的建设工作与其运行管理是分不开的，水利工程是造福百姓、利于社会的重要项目，只有将建设与运行管理有机结合才能将它的效能发挥到最大。

本书是水利工程建设方向的书籍，主要进行水利工程与运行技术方面的探索。本书从水利的基础知识介绍入手，针对水利工程建设中的建筑物以及水利工程建设前期的施工要点、水利工程治理的技术方法进行了分析研究；另外对水利工程运行防范与应急以及水利工程建设管理信息化技术提出了一些建议。本书构思新颖、逻辑严谨，力求将理论与实践紧密结合，对水利工程建设与运行技术方面的探索有着一定的借鉴意义，对水利建设相关人员有很大帮助。

由于作者水平有限，书中难免会出现不足之处，希望各位读者和专家能够提出宝贵意见，以待进一步修改，使之更加完善。

作者

2023 年 12 月

目　录

第一章 水利基础知识

第一节 水文与地质

一、水文知识

（一）河流和流域

地表上较大的天然水流称为河流。河流是陆地上最重要的水资源和水能资源，是自然界中水文循环的主要通道。我国的主要河流一般发源于山地，最终流入海洋、湖泊或洼地。沿着水流的方向，一条河流可以分为河源、上游、中游、下游和河口几段。我国最长的河流是长江，其发源于青海的唐古拉山，湖北宜昌以上河段为上游，长江的上游主要在深山峡谷中，水流湍急，水面坡降大。自湖北宜昌至安徽安庆的河段为中游，河道蜿蜒，水面坡降小，水面明显宽敞。安庆以下河段为下游，长江下游段河流受海潮顶托作用。河口位于上海市。

在水利水电枢纽工程中，为了便于工作，习惯上以面向河流下游为准，左手侧河岸称为左岸，右手侧称为右岸。我国的主要河流中，多数流入太平洋，如长江、黄河、珠江等，少数流入印度洋（怒江、雅鲁藏布江等）和北冰洋。沙漠中的少数河流只在雨季存在，称为季节河。

直接流入海洋或内陆湖的河流称为干流，流入干流的河流为一级支流，流入一级支流的河流为二级支流，依此类推。河流的干流、支流、溪涧和流域内的湖泊彼此连接所形成的庞大脉络系统，称为河系，或水系。如长江水系、黄河水系、太湖水系。

一个水系的干流及其支流的全部集水区域称为流域。在同一个流域内的降水，最终通过同一个河口注入海洋，如长江流域、珠江流域。较大的支流或湖泊也能称为流域，如汉水流域、清江流域、洞庭湖流域、太湖流域。两个流域之间的分界线称为分水线，是分隔两个流域的界限。在山区，分水线通常为山岭或山脊，所以又称分水岭，如秦岭为长江和黄河的分水岭。在平原地区，流域的分界线则不甚明显。特殊的情况如黄河下游，其北岸为海河流域，南岸为淮河流域，黄河两岸大堤成为黄河流域与其他流域的分水线。流域的地表分水线与地下分水线有时并不完全重合，一般以地表分水线作为流域分水线。在平原地区，要划分明确的分水线往往是较为困难的。

描述流域形状特征的主要几何形态指标有以下几个：

第一，流域面积 F，流域的封闭分水线内区域在平面上的投影面积。

第二，流域长度 L，流域的轴线长度。以流域出口为中心画许多同心圆，由每个同心圆与分水线相交作割线，各割线中点顺序连线的长度即为流域长度，$L=\sum L_i$。流域长度通常可用干流长度代替。

第三，流域平均宽度 B，流域面积与流域长度的比值，$B=F/L$。

第四，流域形状系数 K_F，流域宽度与流域长度的比值，$K_F=B/L$。

影响河流水文特性的主要因素包括：流域内的气象条件（降水、蒸发等），地形和地质条件（山地、丘陵、平原、岩石、湖泊、湿地等），流域的形状特征（形状、面积、坡度、长度、宽度等），地理位置（纬度、海拔、临海等），植被条件和湖泊分布，人类活动等。

（二）河（渠）道的水文学和水力学指标

1. 河（渠）道横断面

即垂直于河流方向的河道断面地形。天然河道的横断面形状多种多样，常见的有 V 形、U 形、复式等。人工渠道的横断面形状则比较规则，一般为矩形、梯形。河道水面以下部分的横断面为过水断面。过水断面的面积随河水水面涨落变化，与河道流量相关。

2. 河道纵断面

沿河道纵向最大水深线切取的断面。

3. 水位

河道水面在某一时刻的高程，即相对于海平面的高度差。我国目前采用黄海海平面作为基准海平面。

4. 河流长度

河流自河源开始，沿河道最大水深线至河口的距离。

5. 落差

河流两个过水断面之间的水位差。

6. 纵比降

水面落差与此段河流长度之比。河道水面纵比降与河道纵断面基本上是一致的，在某些河段并不完全一致，与河道断面面积变化、洪水流量有关。

河水在涨落过程中，水面纵比降随洪水过程的时间变化而变化。在涨水过程中，水面纵比降较大，落水过程中则相对较小。

7. 水深

水面某一点到河底的垂直深度。河道断面水深指河道横断面上水位 Z 与最深点的高程差。

8. 流量

单位时间内通过某一河道（渠道、管道）的水体体积，单位 m^3/s。

9. 流速

流速单位 m/s。在河道过水断面上，各点流速不一致。一般情况下，过水断面上水面流速大于河底流速。常用断面平均流速作为其特征指标。

10. 水头

水中某一点相对于另一水平参照面所具有的水能。

（三）河川径流

径流是指河川中流动的水流量。在我国，河川径流多由降雨所形成。

河川径流形成的过程是指自降水开始，到河水从海口断面流出的整个过程。这个过程非常复杂，一般要经历降水、蓄渗（入渗）、产流和汇流几个阶段。

降雨初期，雨水降落到地面后，除了一部分被植被的枝叶或洼地截留外，大部分渗入土壤中。如果降雨强度小于土壤入渗率，雨水不断渗入土壤中，不会产生地表径流。在土壤中的水分达到饱和以后，多余部分在地面形成坡面漫流。当降水强度大于土壤的入渗率时，土壤中的水分来不及被降水完全饱和，一部分雨水在继续不断地渗入土壤的同时，另一部分雨水即开始在坡面形成流动。初始流动沿坡面最大坡降方向漫流。坡面水流顺坡面逐渐汇集到沟槽、溪涧中，形成溪流。从涓涓细流汇流形成小溪、小河，最后归于大江大河。渗入土壤的水分中，一部分将通过土壤和植物蒸发到空中，另一部分通过渗流缓慢地从地下渗出，形成地下径流。相当一部分地下径流将补充注入高程较低的河道内，成为河川径流的一部分。

降雨形成的河川径流与流域的地形、地质、土壤、植被，降雨强度、时间、季节，以及降雨区域在流域中的位置等因素有关。因此，河川径流具有循环性、不重复性和地区性。

表示径流的特征值主要有以下几点。

第一，径流量 Q：单位时间内通过河流某一过水断面的水体体积。

第二，径流总量 W：一定的时段 T 内通过河流某过水断面的水体总量，$W = QT$。

第三，径流模数 M：径流量在流域面积上的平均值，$M = Q/F$。

第四，径流深度 R：流域单位面积上的径流总量，$R = W/F$。

第五，径流系数 α：某时段内的径流深度与降水量之比 $\alpha = R/P$。

（四）河流的洪水

当流域在短时间内较大强度地集中降雨，或地表冰雪迅速融化时，大量水经地表或地下迅速地汇集到河道，造成河道内径流量急增，河流中发生洪水。

河流的洪水过程是在河道流量较小、较平缓的某一时刻开始，河流的径流量迅速增长，并到达一峰值，随后逐渐降落到趋于平缓的过程。与此同时，河道的水位也经历一个上涨、下落的过程。河道洪水流量的变化过程曲线称为洪水流量过程线。洪水流量过程线上的最大值称为洪峰流 Q_m，起涨点以下流量称为基流。基流由岩石和土壤中的水缓慢外渗或冰雪逐渐融化形成。大江大河的支流众多，各支流的基流汇合，使其基流量也比较大。山区性河流，特别是小型山溪，基流非常小，冬天枯水期甚至断流。

洪水过程线的形状与流域条件和暴雨情况有关。

影响洪水过程线的流域条件有河流纵坡降、流域形状系数。一般而言，山区性河流由于山坡和河床较陡，河水汇流时间短，洪水很快形成，又很快消退。洪水陡涨陡落，往往几小时或十几小时就经历一场洪水过程。平原河流或大江大河干流上，一场洪水过程往往要经历三天、七天甚至半个月。如果第一场降雨形成的洪水过程尚未完成又遇降雨，洪水过程线就会形成双峰或多峰。大流域中，因多条支流相继降水，也会造成双峰或其他组合形态。比如，黄河发生过第二个洪峰追上第一个洪峰而入海的现象，即在上游某处洪水过程线为双峰，到下游某处洪水过程线为单峰。流域形状系数大，表示河道相对较长，汇流时间较长，洪水过程线相对较平缓，反之则涨落时间较短。

影响洪水过程线的暴雨条件有暴雨强度、降雨时间、降雨量、降雨面积、雨区在流域中的位置等。洪水过程还与降雨季节、上一场降雨的间隔时间等有关。如春季第一场降雨，因地表土壤干燥而使其洪峰流量较小。发生在夏季的同样的降雨可能因土壤饱和而使其洪峰流量明显变大。流域内的地形、河流、湖泊、洼地的分布也是影响洪水过程线的重要因素。

由于种种原因，实际发生的每一次洪水过程线都有所不同。但是，同一条河流的洪水过程还是有其基本的规律。研究河流洪水过程及洪峰流量大小，可为防洪、设计等提供理论依据。工程设计中，通过分析诸多洪水过程线，选择其中具有典型特征的一条，称为典型洪水过程线。典型洪水过程线能够代表该流域（或河道断面）的洪水特征，作为设计依据。

符合设计标准（指定频率）的洪水过程线称为设计洪水过程线。设计洪水过程线由典型洪水过程线按一定的比例放大而得。洪水放大常用方法有同倍比放大法和同频率放大法，其中同倍比放大法又有"以峰控制"和"以量控制"两种。

（五）河流的泥沙

河流中常挟带着泥沙，是水流冲蚀流域地表所形成。这些泥沙随着水流在河槽中运动。河流中的泥沙一部分是随洪水从上游冲蚀而来，一部分是从沉积在原河床被冲扬起来的。当随上游洪水带来的泥沙总量与被洪水带走的泥沙总量相等时，河床处于冲淤平衡状态。冲淤平衡时，河床维持稳定。我国流域的水量大部分是由降雨汇集而成。暴雨是地表侵蚀的主要因素。地表植被情况是影响河流泥沙含量多少的另一主要因素。在我国南方，尽管暴雨强度远大于北方，由于植被情况良好，河流泥沙含量远小于北方。位于北方植被条件差的黄河流经黄土地区，黄土结构疏松，抗雨水冲蚀能力差，使黄河成为高含沙量的河流。影响河流泥沙的另一重要因素是人类活动。近年来，随着部分地区的盲目开发，南方某些河流的泥沙含量也较前有所增多。

泥沙在河道或渠道中有两种运动方式。颗粒小的泥沙能够被流动的水流扬起，并被带动着随水流运动，称为悬移质。颗粒较大的泥沙只能被水流推动，在河床底部滚动，称为推移质。水流挟带泥沙的能力与河道流速大小相关。流速大，则挟带泥沙的能力大，泥沙在水流中的运动方式也随之变化。在坡度陡、流速高的地方，水流能够将较大粒径的泥沙扬起，成为悬移质。这部分泥沙被带到河势平缓、流速低的地方时，落于河床上转变为推移质，甚至沉积下来，成为河床的一部分。沉积在河床的泥沙称为床沙。悬移质、推移质和床沙在河流中随水流流速的变化相互转化。

在自然条件下，泥沙运动不断地改变着河床形态。随着人类活动的介入，河流的自然变迁条件受到限制。人类在河床两岸筑堤挡水，使泥沙淤积在受到约束的河床内，从而抬高河床底高程。随着泥沙不断地淤积和河床不断地抬高，人类被迫不断地加高河堤。例如，黄河开封段、长江荆江段均已成为河床底部高于两岸陆面十多米的悬河。

水利水电工程建成以后，破坏了天然河流的水沙条件和河床形态的相对平衡。拦河坝的上游，因为水库水深增加，水流流速大为减少，泥沙因此而沉积在水库内。泥沙淤积的一般规律是：从河流回水末端的库首地区开始，入库水流流速沿程逐渐减小。因此，粗颗粒首先沉积在库首地区，较细颗粒沿程陆续沉积，直至坝前。随着库内泥沙淤积高程的增加，较粗颗粒也会逐渐带至坝前。水库中的泥沙淤积会使水库库容减少，降低工程效益。泥沙淤积在河流进入水库的口门处，抬高口门处的水位及其上游回水水位，增高上游淹没水位。进入水电站的泥沙会磨损水轮机。水库下游，因泥沙被水库拦截，下泄水流变清，河床因清水冲刷造成河床刷深下切。

在多沙河流上建造水利水电枢纽工程时，要考虑泥沙淤积对水库和水电站的影响。要在适当的位置设置专门的冲沙建筑物，用以减缓库区淤积速度，阻止泥沙进入发电输水管（渠）道，延长水库和水电站的使用寿命。

描述河流泥沙的特征值有以下几个：

第一，含沙量：单位水体中所含泥沙重量，单位 kg/m^3。

第二，输沙量：一定时间内通过某一过水断面的泥沙重量，一般以年输沙量衡量一条河流的含沙量。

第三，起动流速：使泥沙颗粒从静止变为运动的水流流速。

二、地质知识

地质构造是指由于地壳运动使岩层发生变形或变位后形成的各种构造形态。地质构造有五种基本类型：水平构造、倾斜构造、直立构造、褶皱构造和断裂构造。这些地质构造不仅改变了岩层的原始产状、破坏了岩层的连续性和完整性，甚至降低了岩体的稳定性和增大了岩体的渗透性。因此研究地质构造对水利工程建筑有着非常重要的意义。要研究上述五种构造必须了解地质年代和岩层产状的相关知识。

（一）地质年代和地层单位

地球形成至今已有 46 亿年，对整个地质历史时期而言，地球的发展演化及地质事件的记录和描述需要有一套相应的时间概念，即地质年代。同人类社会发展历史分期一样，可将地质年代按时间的长短依次分为宙、代、纪、世不同时期，对应于上述时间段所形成的岩层（地层）依次称为宇、界、系、统，这便是地层单位。如太古代形成的地层称为太古界，石炭纪形成的地层称为石炭系等。

（二）岩层产状

1. 岩层产状要素

岩层产状指岩层在空间的位置，用走向、倾向和倾角表示，称为岩层产状三要素。

（1）走向

岩层面与水平面的交线叫走向线，走向线两端所指的方向即为岩层的走向。走向有两个方位角数值，且相差 180°。岩层的走向表示岩层的延伸方向。

（2）倾向

层面上与走向线垂直并沿倾斜面向下所引的直线叫倾斜线，倾斜线在水平面上投影所指的方向就是岩层的倾向。对于同一岩层面，倾向与走向垂直，且只有一个方向。岩层的倾向表示岩层的倾斜方向。

（3）倾角

倾角是指岩层面和水平面所夹的最大锐角（或二面角）。

除岩层面外，岩体中其他面（如节理面、断层面等）的空间位置也可以用岩层产状三要素来表示。

2. 岩层产状要素的测量

岩层产状要素需用地质罗盘测量。地质罗盘的主要构件有磁针、刻度环、方向盘、倾角旋钮、水准泡、磁针锁制器等。刻度环和磁针是用来测岩层的走向和倾向的。刻度环按方位角分划，以北为 0°，逆时针方向分划为 3°。在方向盘上用四个符合代表地理方位，即 N（0°）表示北，S（180°）表示南，E（90°）表示东，W（270°）表示西。方向盘和倾角旋钮是用来测倾角的。方向盘的角度变化介于 0°～90°。测量方法如下。

（1）测量走向

罗盘水平放置，将罗盘与南北方向平行的边与层面贴触（或将罗盘的长边与岩层面贴触），调整圆水准泡居中，此时罗盘边与岩层面的接触线即为走向线，磁针（无论南针或北针）所指刻度环上的度数即为走向。

（2）测量倾向

罗盘水平放置，将方向盘上的 N 极指向岩层层面的倾斜方向，同时使罗盘平行于东西方向的边（或短边）与岩层面贴触，调整圆水准泡居中，此时北针所指刻度环上的度数即为倾向。

（3）测量倾角

罗盘侧立摆放，将罗盘平行于南北方向的边（或长边）与层面贴触，并垂直于走向线，然后转动罗盘背面的测有旋钮，使 K 水准泡居中，此时倾角旋钮所指方向盘上的度数即为倾角大小。若是长方形罗盘，此时桃形指针在方向盘上所指的度数，即为所测倾角大小。

3. 岩层产状的记录方法

岩层产状的记录方法有以下两种。

（1）象限角表示法

一般以北或南的方向为准，记录走向、倾向和倾角。

（2）方位角表示法

一般只记录倾向和倾角。

（三）水平构造、倾斜构造和直立构造

1. 水平构造

岩层产状呈水平（倾角 $\alpha = 0°$）或近似水平（$\alpha < 5°$）。岩层呈水平构造，表明该地区地壳相对稳定。

2. 倾斜构造（单斜构造）

岩层产状的倾角 $0° < \alpha < 90°$，岩层呈倾斜状。

岩层呈倾斜构造说明该地区地壳不均匀抬升或受到岩浆作用的影响。

3. 直立构造

岩层产状的倾角 $\alpha \approx 90\%$，岩层呈直立状。岩层呈直立构造说明岩层受到强有力的挤压。

（四）褶皱构造

褶皱构造是指岩层受构造应力作用后产生的连续弯曲变形。绝大多数褶皱构造是岩层在水平挤压力作用下形成的。褶皱构造是岩层在地壳中广泛发育的地质构造形态之一，它在层状岩石中最为明显，在块状岩体中则很难见到。褶皱构造的每一个向上或向下弯曲称为褶曲。两个或两个以上的褶曲组合叫褶皱。

1. 褶皱要素

褶皱构造的各个组成部分称为褶皱要素。

（1）核部

褶曲中心部位的岩层。

（2）翼部

核部两侧的岩层。一个褶曲有两个翼。

（3）翼角

翼部岩层的倾角。

（4）轴面

对称平分两翼的假象面。轴面可以是平面，也可以是曲面。轴面与水平面的交线称为

轴线，轴面与岩层面的交线称为枢纽。

（5）转折端

从一翼转到另一翼的弯曲部分。

2. 褶皱的基本形态

褶皱的基本形态是背斜和向斜。

（1）背斜

岩层向上弯曲，两翼岩层常向外倾斜，核部岩层时代较老，两翼岩层依次变新并呈对称分布。

（2）向斜

岩层向下弯曲，两翼岩层常向内倾斜，核部岩层时代较新，两翼岩层依次变老并呈对称分布。

3. 褶皱的类型

根据轴面产状和两翼岩层的特点，将褶皱分为直立褶皱、倾斜褶皱、倒转褶皱、平卧褶皱、翻卷褶皱。

4. 褶皱构造对工程的影响

（1）褶皱构造影响着水工建筑物地基岩体的稳定性及渗透性

选择坝址时，应尽量考虑避开褶曲轴部地段。因为轴部节理发育、岩石破碎，易受风化、岩体强度低、渗透性强，所以工程地质条件较差。当坝址选在褶皱翼部时，若坝轴线平行岩层走向，则坝基岩性较均一。再从岩层产状考虑，岩层倾向上游，倾角较陡时，对坝基岩体抗滑稳定有利，也不易产生顺层渗漏；当倾角平缓时，虽然不易向下游渗漏，但坝基岩体易于滑动。岩层倾向下游，倾角又缓时，岩层的抗滑稳定性最差，也容易向下游产生顺层渗漏。

（2）褶皱构造与其蓄水的关系

褶皱构造中的向斜构造，是良好的蓄水构造，在这种构造盆地中打井，地下水常较丰富。

（五）断裂构造

岩层受力后产生变形，当作用力超过岩石的强度时，岩石就会发生破裂，形成断裂构造。断裂构造的产生必将对岩体的稳定性、透水性及其工程性质产生较大影响。根据破裂之后的岩层有无明显位移，将断裂构造分为节理和断层两种形式。

1. 节理

没有明显位移的断裂称为节理。节理按照成因分为三种类型。第一种为原生节理：岩石在成岩过程中形成的节理，如玄武岩中的柱状节理；第二种为次生节理：风化、爆破等原因形成的裂隙，如风化裂隙等；第三种为构造节理：由构造应力所形成的节理。其中，构造节理分布最广。构造节理又分为张节理和剪节理。张节理由张应力作用产生，多发育在褶皱的轴部，其主要特征为：节理面粗糙不平，无擦痕，节理多开口，一般被其他物质充填，在砾岩或砂岩中的张节理常常绕过砾石或砂粒，节理一般较稀疏，而且延伸不远。剪节理由剪应力作用产生，其主要特征为：节理面平直光滑，有时可见擦痕，节理面一般是闭合的，没有充填物，在砾岩或砂岩中的剪节理常常切穿砾石或砂粒，产状较稳定，间距小、延伸较远，发育完整的剪节理呈 X 形。

2. 断层

有明显位移的断裂称为断层。

（1）断层要素

断层的基本组成部分叫断层要素。断层要素主要有断层面、断层线、断层带、断盘及断距。

①断层面：岩层发生断裂并沿其发生位移的破裂面。它的空间位置仍由走向、倾向和倾角表示。它可以是平面，也可以是曲面。

②断层线：断层面与地面的交线。其方向表示断层的延伸方向。

③断层带：包括断层破碎带和影响带。破碎带是指被断层错动搓碎的部分，常由岩块碎屑、粉末、角砾及黏土颗粒组成，其两侧被断层面所限制。影响带是指靠近破碎带两侧的岩层受断层影响裂隙发育或发生牵引弯曲的部分。

④断盘：断层面两侧相对位移的岩块称为断盘。其中，断层面之上的称为上盘，断层面之下的称为下盘。

⑤断距：断层两盘沿断层面相对移动的距离。

（2）断层的基本类型

按照断层两盘相对位移的方向，将断层分为以下三种类型。

①正断层：上盘相对下降，下盘相对上升的断层。

②逆断层：上盘相对上升，下盘相对下降的断层。

③平移断层：是指两盘沿断层面做相对水平位移的断层。

3. 断裂构造对工程的影响

节理和断层的存在破坏了岩石的连续性和完整性，降低了岩石的强度，增强了岩石的透水性，给水利工程建设带来很大影响。如节理密集带或断层破碎带，会导致水工建筑物的集中渗漏、不均匀变形甚至发生滑动破坏。因此在选择坝址、确定渠道及隧洞线路时，尽量避开大的断层和节理密集带，否则必须对其进行开挖、帷幕灌浆等方法处理，甚至调整坝或洞轴线的位置。不过，这些破碎地带，有利于地下水的运动和汇集。因此，断裂构造对于山区找水具有重要意义。

第二节　水资源规划与水利枢纽

一、水资源规划知识

（一）规划类型

水资源开发规划是跨系统、跨地区、多学科和综合性较强的前期工作，按区域、范围、规模、目的、专业等可以有多种分类或类型。

水资源开发规划除在我国《中华人民共和国水法》上有明确的类别划分外，当前尚未形成共识。不少文献针对规划的范围、目的、对象、水体类别等的不同而有多种分类。

1. 按水体划分

按不同水体可分为地表水开发规划、地下水开发规划、污水资源化规划、雨水资源利用规划和海咸水淡化利用规划等。

2. 按目的划分

按不同目的可分为供水水资源规划、水资源综合利用规划、水资源保护规划、水土保持规划、水资源养蓄规划、节水规划和水资源管理规划等。

3. 按用水对象划分

按不同用水对象可分为人畜生活饮用水供水规划、工业用水供水规划和农业用水供水规划等。

4. 按自然单元划分

按不同自然单元可分为独立平原的水资源开发规划、流域河系水资源梯级开发规划、小流域治理规划和局部河段水资源开发规划等。

5. 按行政区域划分

按不同行政区域可分为以宏观控制为主的全国性水资源规划和包含特定内容的省、地

（市）、县域水资源开发规划。乡镇因常常不是一个独立的自然单元或独立小流域，而水资源开发不仅受到地域且受到水资源条件的限制，所以，按行政区划的水资源开发规划至少应是县以上行政区域。

6. 按目标单一与否划分

按目标的单一与否可分为单目标水资源开发规划（经济或社会效益的单目标）和多目标水资源开发规划（经济、社会、环境等综合的多目标）。

7. 按内容和含义划分

按不同内容和含义可分为综合规划和专业规划。

各种水资源开发规划编制的基础是相同的，相互间是不可分割的，但是各自的侧重点或主要目标不同，且各具特点。

（二）规划的方法

进行水资源规划必须了解和搜集各种规划资料，并且掌握处理和分析这些资料的方法，使之为规划任务的总目标服务。

1. 水资源系统分析的基本方法

水资源系统分析的常用方法包括：

（1）回归分析方法

它是处理水资源规划资料最常用的一种分析方法。在水资源规划中最常用的回归分析方法有一元线性回归分析、多元回归分析、非线性回归分析、拟合度量和显著性检验等。

（2）投入产出分析法

它在描述、预测、评价某项水资源工程对该地区经济作用时具有明显的效果。它不仅可以说明直接用水部门的经济效果，也能说明间接用水部门的经济效果。

（3）模拟分析方法

在水资源规划中多采用数值模拟分析。数值模拟分析又可分为两类：数学物理方法和统计技术。数值模拟技术中的数学物理方法在水资源规划的确定性模型中应用较为广泛。

（4）最优化方法

由于水资源规划过程中插入的信息和约束条件不断增加，处理和分析这些信息，以制订和筛选出最有希望的规划方案，使用最优化技术是行之有效的方法。在水资源规划中最常用的最优化方法有线性规划、网络技术动态规划与排队论等。

上述四类方法是水资源规划中常用的基本方法。

2. 系统模型的分解与多级优化

在水资源规划中，系统模型的变量很多，模型结构较为复杂，完全采用一种方法求解是困难的。因此，在实际工作中，往往把一个规模较大的复杂系统分解成许多"独立"的子系统，分别建立子模型，然后根据子系统模型的性质以及子系统的目标和约束条件，采用不同的优化技术求解。这种分解和多级最优化的分析方法在求解大规模复杂的水资源规划问题时非常有用，它的突出优点是使系统的模型更为逼真，在一个系统模型内可以使用多种模拟技术和最优化技术。

3. 规划的模型系统

在一个复杂的水资源规划中，可以有许多规划方案。因此，从加快方案筛选的观点出发，必须建立一套适宜的模型系统。对于一般的水资源规划问题可建立三种模型系统：筛选模型、模拟模型、序列模型。

系统分析的规划方法不同于"传统"的规划方法，它涉及社会、环境和经济方面的各种要求，并考虑多种目标。这种方法在实际使用中已显示出它们的优越性，是一种适合于复杂系统综合分析需要的方法。

我国水资源管理的规划总要求是：以落实最严格水资源管理制度、实行水资源消耗总量和强度双控行动、加强重点领域节水、完善节水激励机制为重点，加快推进节水型社会建设，强化水资源对经济社会发展的刚性约束，构建节水型生产方式和消费模式，基本形成节水型社会制度框架，进一步提高水资源利用效率和效益。

强化节水约束性指标管理。严格落实水资源开发利用总量、用水效率和水功能区限制纳污总量"三条红线"，实施水资源消耗总量和强度双控行动，健全取水计量、水质监测和供用耗排监控体系。加快制订重要江河流域水量分配方案，细化落实覆盖流域和省市县三级行政区域的取用水总量控制指标，严格控制流域和区域取用水总量。实施引调水工程要先评估节水潜力，落实各项节水措施。健全节水技术标准体系。将水资源开发、利用、节约和保护的主要指标纳入地方经济社会发展综合评价体系，县级以上地方人民政府对本行政区域水资源管理和保护工作负总责。加强最严格水资源管理制度考核工作，把节水作为约束性指标纳入政绩考核，在严重缺水的地区率先推行。

强化水资源承载能力刚性约束。加强相关规划和项目建设布局水资源论证工作，国民经济和社会发展规划以及城市总体规划的编制、重大建设项目的布局，应当与当地水资源条件和防洪要求相适应。严格执行建设项目水资源论证和取水许可制度，对取用水总量已达到或超过控制指标的地区，暂停审批新增取水。强化用水定额管理，完善重点行业、区域用水定额标准。严格水功能区监督管理，从严核定水域纳污容量，严格控制入河湖排污总量，对排污量超出水功能区限排总量的地区，限制审批新增取水和入河湖排污口。强化水资源统一调度。

强化水资源安全风险监测预警。健全水资源安全风险评估机制，围绕经济安全、资源安全、生态安全，从水旱灾害、水供求态势、河湖生态需水、地下水开采、水功能区水质状况等方面，科学评估全国及区域水资源安全风险，加强水资源风险防控。以省、市、县三级行政区为单元，开展水资源承载能力评价，建立水资源安全风险识别和预警机制。抓紧建成国家水资源管理系统，健全水资源监控体系，完善水资源监测、用水计量与统计等管理制度和相关技术标准体系，加强省界等重要控制断面、水功能区和地下水的水质水量监测能力建设。

二、水利枢纽知识

为了综合利用和开发水资源，常须在河流适当地段集中修建几种不同类型和功能的水工建筑物，以控制水流，并便于协调运行和管理。这种由几种水工建筑物组成的综合体，称为水利枢纽。

（一）水利枢纽的分类

水利枢纽的规划、设计、施工和运行管理应尽量遵循综合利用水资源的原则。

水利枢纽的类型很多。为实现多种目标而兴建的水利枢纽，建成后能满足国民经济不同部门的需要，称为综合利用水利枢纽。以某一单项目标为主而兴建的水利枢纽，常以主要目标命名，如防洪枢纽、水力发电枢纽、航运枢纽、取水枢纽等。在很多情况下水利枢纽是多目标的综合利用枢纽，如防洪—发电枢纽、防洪—发电—灌溉枢纽、发电—灌溉—航运枢纽等。按拦河坝的型式还可分为重力坝枢纽、拱坝枢纽、土石坝枢纽及水闸枢纽等。根据修建地点的地理条件不同，有山区、丘陵区水利枢纽和平原、滨海区水利枢纽之分。根据枢纽上下游水位差的不同，有高、中、低水头之分，世界各国对此无统一规定。我国一般水头 70m 以上的是高水头枢纽，水头 30～70 m 的是中水头枢纽，水头 30 m 以下的是低水头枢纽。

（二）水利枢纽工程基本建设程序及设计阶段划分

水利是国民经济的基础设施和基础产业。水利工程建设要严格按建设程序进行。水利工程建设程序一般分为项目建议书、可行性研究报告、初步设计、施工准备（包括招标设计）、建设实施、生产准备、竣工验收、后评价等阶段。建设前期根据国家总体规划以及流域综合规划，开展前期工作，包括提出项目建议书、可行性研究报告和初步设计（或扩大初步设计）。水利工程建设项目的实施，必须通过基本建设程序立项。水利工程建设项目的立项过程包括项目建议书和可行性研究报告阶段。根据目前管理现状，项目建议书、可行性研究报告、初步设计由水行政主管部门或项目法人组织编制。

项目建议书应根据国民经济和社会发展长远规划、流域综合规划、区域综合规划、专业规划，按照国家产业政策和国家有关投资建设方针进行编制，是对拟进行工程项目的初步说明。项目建议书编制一般由政府委托有相应资质的设计单位承担，并按国家现行规定权限向主管部门申报审批。

可行性研究应对项目进行方案比较，对项目在技术上是否可行和经济上是否合理进行科学的分析和论证。经过批准的可行性研究报告，是项目决策和进行初步设计的依据。可行性研究报告，由项目法人（或筹备机构）组织编制。可行性研究报告经批准后，不得随意修改和变更，在主要内容上有重要变动，应经原批准机关复审同意。项目可行性报告批准后，应正式成立项目法人，并按项目法人责任制实行项目管理。

初步设计是根据批准的可行性研究报告和必要而准确的设计资料，对设计对象进行全面研究，阐明拟建工程在技术上的可行性和经济上的合理性，规定项目的各项基本技术参数，编制项目的总概算。初步设计任务应择优选择有相应资质的设计单位承担，依照有关初步设计编制规定进行编制。

建设项目初步设计文件已批准，项目投资来源基本落实，可以进行主体工程招标设计和组织招标工作以及现场施工准备。项目的主体工程开工之前，必须完成各项施工准备工作，其主要内容包括：施工现场的征地、拆迁；完成施工用水、电、通信、路和场地平整等工程；必需的生产、生活临时建筑工程；组织招标设计、工程咨询、设备和物资采购等服务；组织建设监理和主体工程招标投标，并择优选定建设监理单位和施工承包商。

生产准备应根据不同类型的工程要求确定，一般应包括如下内容：生产组织准备，建立生产经营的管理机构及相应管理制度；招收和培训人员；生产技术准备；生产的物资准备；正常的生活福利设施准备。

竣工验收是工程完成建设目标的标志，是全面考核基本建设成果、检验设计和工程质量的重要步骤。竣工验收合格的项目即从基本建设转入生产或使用。

工程项目竣工投产后，一般经过一至两年生产营运后，要进行一次系统的项目后评价，主要内容包括：影响评价——项目投产后对各方面的影响进行评价；经济效益评价——对项目投资、国民经济效益、财务效益、技术进步和规模效益、可行性研究深度等进行评价；过程评价——对项目的立项、设计施工、建设管理、竣工投产、生产营运等全过程进行评价。项目后评价一般按三个层次组织实施，即项目法人的自我评价、项目行业的评价、计划部门（或主要投资方）的评价。

设计工作应遵循分阶段、循序渐进、逐步深入的原则进行。以往大中型枢纽工程常按三个阶段进行设计，即可行性研究、初步设计和施工详图设计。对于工程规模大，技术上复杂而又缺乏设计经验的工程，经主管部门指定，可在初步设计和施工详图设计之间，增加技术设计阶段。

（三）水利工程的影响

水利工程是防洪、除涝、灌溉、发电、供水、围垦、水土保持、移民、水资源保护等工程及其配套和附属工程的统称，是人类改造自然、利用自然的工程。修建水利工程，是为了控制水流、防止洪涝灾害，并进行水量的调节和分配，从而满足人民生活和生产对水资源的需要。因此，大型水利工程往往显现出显著的社会效益和经济效益，带动地区经济发展，促进流域以至整个中国经济社会的全面可持续发展。

但是也必须注意到，水利工程的建设可能会破坏河流或河段及其周围地区在天然状态下的相对平衡。特别是具有高坝大库的河川水利枢纽的建成运行，对周围的自然和社会环境都将产生重大影响。

修建水利工程对生态环境的不利影响是：河流中筑坝建库后，上下游水文状态将发生变化。可能出现泥沙淤积、水库水质下降、淹没部分文物古迹和自然景观，还可能会改变库区及河流中下游水生生态系统的结构和功能，对一些鱼类和植物的生存和繁殖产生不利影响；水库的"沉沙池"作用，使过坝的水流成为"清水"，冲刷能力加大，由于水势和含沙量的变化，还可能改变下游河段的河水流向和冲积程度，造成河床被冲刷侵蚀，也可能影响到河势变化乃至河岸稳定；大面积的水库还会引起小气候的变化，库区蓄水后，水域面积扩大，水的蒸发量上升，因此会造成附近地区日夜温差缩小，改变库区的气候环境，例如可能增加雾天的出现频率；兴建水库可能会增加库区地质灾害发生的频率，例如，兴建水库可能会诱发地震，增加库区及附近地区地震发生的频率；山区的水库由于两岸山体下部未来长期处于浸泡之中，发生山体滑坡、塌方和泥石流的频率可能会有所增加；深水库底孔下放的水，水温会较原天然状态有所变化，可能不如原来情况更适合农作物生长。此外，库水化学成分改变、营养物质浓集导致水的异味或缺氧等，也会对给生物带来不利影响。

修建水利工程对生态环境的有利影响是：防洪工程可有效地控制上游洪水，提高河段甚至流域的防洪能力，从而有效地减免洪涝灾害带来的生态环境破坏；水力发电工程利用清洁的水能发电，与燃煤发电相比，可以减少排放二氧化碳、二氧化硫等有害气体，减轻酸雨、温室效应等大气危害以及燃煤开采、洗选、运输、废渣处理所导致的严重环境污染；能调节工程中下游的枯水期流量，有利于改善枯水期水质；有些水利工程可为调水工程提供水源条件；高坝大库的建设较天然河流大大增加了的水库面积与容积可以养鱼，对渔业有利；水库调蓄的水量增加了农作物灌溉的机会。

此外，由于水位上升使库区被淹没，要进行移民，并且由于兴建水库导致库区的风景名胜和文物古迹被淹没，要进行搬迁、复原等。在国际河流上兴建水利工程，等于重新分配了水资源，间接地影响了水库所在国家与下游国家的关系，还可能会造成外交上的影响。

上述这些水利工程在经济、社会、生态方面的影响，有利有弊，因此兴建水利工程，必须充分考虑其影响，精心研究，针对不利影响应采取有效的对策及措施，促进水利工程所在地区经济、社会和环境的协调发展。

第三节　水利工程建设

一、工程

（一）工程的定义

工程是应用科学、经济、社会和实践知识，以创造、设计、建造、维护、研究、完善结构、机器、设备、系统、材料和工艺。术语"工程"是从拉丁语"ingenium"和"ingeniare"派生而来的，前者指"聪明"，后者指"图谋、制定"。工程也就是科学和数学的某种应用，通过这一应用，自然界的物质和资源的特性能够通过各种结构、机器、产品、系统和过程，以最短的时间和精而少的人力做出高效、可靠且对人类有用的东西。

18世纪，欧洲创造了"工程"一词，其本来含义是有关兵器制造、具有军事目的的各项劳作，后扩展到许多领域，如建筑屋宇、制造机器、架桥修路等。

随着人类文明的发展，人们可以建造出比单一产品更大、更复杂的产品，这些产品不再是结构或功能单一的东西，而是各种各样的所谓"人造系统"，于是工程的概念就产生了，并且它逐渐发展为一门独立的学科和技艺。

（二）工程的内涵和外延

从工程的定义可知，工程的内涵包括两方面：各种知识的应用和材料、人力等某种组合以达到一定功效的过程。在现代社会中，"工程"一词有广义和狭义之分。就狭义而言，工程定义为"以某组设想的目标为依据，应用有关的科学知识和技术手段，通过有组织的一群人将某个现有实体转化为具有预期使用价值的人造产品过程"。就广义而言，工程则定义为由一群人为达到某种目的，在一个较长时间周期内进行协作活动的过程。工程学即指将自然科学的理论应用到具体工农业生产过程中形成的各学科的总称。根据工程特征，传统工程可分为四类：化学工程、土木工程、电气工程、机械工程。随着科学技术的发展和新领域的出现，工程学产生了新的工程分支，如人类工程、地球系统工程等。实际建设工程是以上这些工程的综合。

（三）主要职能

工程的主要依据是数学、物理学、化学，以及由此产生的材料科学、固体力学、流体力学、热力学、输运过程和系统分析等。依照工程对科学的关系，工程的所有分支领域都有如下主要职能。

1. 研究

应用数学和自然科学概念、原理、实验技术等，探求新的工作原理和方法。

2. 开发

解决把研究成果应用于实际过程中所遇到的各种问题。

3. 设计

选择不同的方法、特定的材料并确定符合技术要求和性能规格的设计方案，以满足结构或产品的要求。

4. 施工

包括准备场地、材料存放、选定既经济又安全并能达到质量要求的工作步骤，以及人员的组织和设备利用。

5. 生产

在考虑人和经济因素的情况下，选择工厂布局、生产设备、工具、材料、元件和工艺流程，进行产品的试验和检查。

6. 操作

管理机器、设备以及动力供应、运输和通信，使各类设备经济可靠地运行。

（四）相关分类

第一，指将自然科学的理论应用到具体工农业生产过程中形成的各学科的总称。如水利工程、化学工程、土木建筑工程、遗传工程、系统工程、生物工程、海洋工程、环境微生物工程。

第二，指需较多的人力、物力来进行较大而复杂的工作，要一个较长时间周期内来完成。如城市改建工程、京九铁路工程、"菜篮子"工程。

第三，关于工程的研究——称为"工程学"。

第四，关于工程的立项——称为"工程项目"。

第五，一个全面的、大型的、复杂的包含各子项目的工程——称为"系统工程"。

二、水利工程

（一）水利工程的含义

水利工程是用于控制和调配自然界的地表水和地下水，达到除害兴利目的而修建的工程，也称为水工程，包括防洪、排涝、灌溉、水力发电、引（供）水、滩涂治理、水土保持、水资源保护等各类工程。水是人类生产和生活必不可少的宝贵资源，但其自然存在的状态并不完全符合人类的需要。只有修建水利工程，才能控制水流，防止洪涝灾害，并进行水量的调节和分配，以满足人民生活和生产对水资源的需要。水利工程主要服务于防洪、排水、灌溉、发电、水运、水产、工业用水、生活用水和改善环境等方面。

（二）我国水利工程的分类

水利工程的分类可以有两种方式：从投资和功能进行分类。

1. 按照工程功能或服务对象分类

（1）防洪工程

防止洪水灾害的防洪工程。

（2）农业生产水利工程

为农业、渔业服务的水利工程总称，具体包括以下几类：

①农田水利工程：防止旱、涝、渍灾，为农业生产服务的农田水利工程（或称灌溉和排水工程）。

②渔业水利工程：保护和促进渔业生产的渔业水利工程。

③海涂围垦工程：围海造田，满足工农业生产或交通运输需要的海涂围垦工程等。

（3）水力发电工程

将水能转化为电能的水力发电工程。

（4）航道和港口工程

改善和创建航运条件的航道和港口工程。

（5）供（排）水工程

为工业和生活用水服务，并处理和排除污水和雨水的城镇供水和排水工程。

（6）环境水利工程

防止水土流失和水质污染，维护生态平衡的水土保持工程和环境水利工程。

一项水利工程同时为防洪、灌溉、发电、航运等多种目标服务的，称为综合利用水利工程。

2. 按照水利工程投资主体的不同性质分类

水利工程可以区分这样几种不同的情况：

（1）中央政府投资的水利工程

这种投资也称国有工程项目，这样的水利工程一般都是跨地区、跨流域，建设周期长、投资数额巨大的水利工程，对社会和群众的影响范围广大而深远，在国民经济的投资中占有一定比重，其产生的社会效益和经济效益也非常明显。如黄河小浪底水利枢纽工程、长江三峡水利枢纽工程、南水北调工程等。

（2）地方政府投资兴建的水利工程

有一些水利工程属地方政府投资的，也属国有性质，仅限于小流域、小范围的中型水利工程，但其作用并不小，在当地发挥的作用相当大，不可忽视。也有一部分是国家投资兴建的，之后又交给地方管理的项目，这也属于地方管辖的水利工程。如陆浑水库、尖岗水库等。

（3）集体兴建的水利工程

这是计划经济时期大集体兴建的项目，由于农村经济体制改革，又加上长年疏于管理，这些工程有的已经废弃，有的处于半废状态，只有一小部分还在发挥着作用。其实大大小小、星罗棋布的小型水利设施，仍在防洪抗旱方面发挥着不小的作用。例如以前修的引黄干渠，农闲季节开挖的排水小河、水沟等。

（4）个体兴建的水利工程

这是在改革开放之后，特别是在 20 世纪 90 年代之后才出现的。这种工程虽然不大，但一经出现便表现出很强的生命力，既有防洪、灌溉功能，又有恢复生态的功能，还有旅游观光的功能，工程项目管理得良好，这正是我们局部地区应当提倡和兴建的水利工程。但是政府在这方面要加强宏观调控，防止盲目重复上马。

（三）我国水利工程的特征

水利工程原是土木工程的一个分支，但随着水利工程本身的发展，逐渐具有自己的特点，以及在国民经济中的地位日益重要，并已成为一门相对独立的技术学科，具有以下几大特征。

1. 规模大，工程复杂

水利工程一般规模大，工程复杂，工期较长。工作中涉及天文地理等自然知识的积累和实施，其中又涉及各种水的推力、渗透力等专业知识与各地区的人文风情。传统水利工程的建设时间很长，需要几年甚至更长的时间准备和筹划，人力物力的消耗也大。例如丹江口水利枢纽工程、三峡工程等。

2. 综合性强，影响大

水利工程的建设会给当地居民带来很多好处，消除自然灾害。可是由于兴建会导致人与动物的迁徙，有一定的生态破坏，同时也要与其他各项水利有机组合，符合国民经济的政策，为了使损失和影响面缩小，就要在工程规划设计阶段系统性、综合性地进行分析研究，从全局出发，统筹兼顾，达到经济和社会环境的最佳组合。

3. 效益具有随机性

每年的水文状况或其他外部条件的改变会导致整体的经济效益的变化。农田水利工程还与气象条件的变化有密切联系。

4. 对生态环境有很大影响

水利工程不仅对所在地区的经济和社会产生影响，而且对江河、湖泊以及附近地区的、生态环境、自然景观都将产生不同程度的影响，甚至会改变当地的气候和动物的生存环境，这种影响有利有弊。

从正面影响来说，主要是有利于改善当地水文生态环境，修建水库可以将原来的陆地变为水体，增大水面面积，增加蒸发量，缓解局部地区在温度和湿度上的剧烈变化，在干旱和严寒地区尤为适用；可以调节流域局部小气候，主要表现在降雨、气温、风等方面，由于水利工程会改变水文和径流状态，因此会影响水质、水温和泥沙条件，从而改变地下水补给，提高地下水位，影响土地利用。

从负面影响来说，由于工程对自然环境进行改造，势必会产生一定的负面影响。以水库为例，兴建水库会直接改变水循环和径流情况。从国内外水库运行经验来看，蓄水后的消落区可能出现滞流缓流，从而形成岸边污染带；水库水位降落侵蚀，会导致水土流失严重，加剧地质灾害发生；周围生物链改变、物种变异，影响生态系统稳定。任何事情都有利有弊，关键在于如何最大限度地削弱负面影响，随着技术的进步，水利工程不仅要满足日益增长的人民生活和工农业生产发展对水资源的需要，而且要更多地为保护和改善环境服务。

三、水利工程建设程序及管理

（一）水利工程建设程序

1. 建设程序及作用

工程项目建设程序是指工程建设的全过程中，各建设环节及其所应遵循的先后次序法则。建设程序是多年工程建设实践经验、教训的总结，是项目科学决策及顺利实现最终建设目标的重要保证。

建设程序反映工程项目自身建设、发展的科学规律，工程建设工作应按程序规定的相应阶段，循序渐进逐步深入地进行。建设程序的各阶段及步骤不能随意颠倒和违反，否则，将可能造成严重后果。

建设程序是为了约束建设者的随意行为，对缩短工程的建设工期、保证工程质量、节约工程投资、提高经济效益和保障工程项目顺利实施具有一定的现实意义。

另外，建设程序加强水利建设市场管理，进一步规范水利工程建设行为，推进项目法人责任制、建设监理制、招标投标制的实施，促进水利建设实现经济体制和经济增长方式的两个根本性转变，具有积极的推动作用。

2. 我国水利工程建设程序及主要内容

对江河进行综合开发治理时，首先根据国家（区域、行业）经济发展的需要确定优先开发治理的河流，然后按照统一规划、综合治理的原则，对选定河流进行全流域规划，确定河流的梯级开发方案，提出分期兴建的若干个水利工程项目。规划经批准后，方可对拟建的水利枢纽进行进一步建设。

按我国《水利工程建设项目管理规定》，水利工程建设程序一般分为项目建议书、可行性研究报告、设计阶段、施工准备（包括招标设计）、建设实施、生产准备、竣工验收、项目后评价等阶段。

（1）项目建议书

项目建议书应根据国民经济和社会发展长远规划、流域及区域综合规划，按照国家产业政策和国家有关投资建设方针进行编制，是对拟进行建设项目的初步说明。

项目建议书应按照《水利水电工程项目建议书编制暂行规定》编制。项目建议书编制一般由政府委托有相应资格的工程咨询、设计单位承担，并按国家现行规定权限向主管部门申报审批项目建议书被批准后，由政府向社会公布，若有投资建设意向，应及时组建项目法人筹备机构，按相关要求展开工作。

（2）可行性研究报告

阶段可行性研究报告，由项目法人组织编制。经过批准的可行性研究报告，是项目决策和进行初步设计的依据。

①可行性研究的主要任务是根据国民经济、区域和行业规划的要求，在流域规划的基础上，通过对拟建工程的建设条件做进一步调查、勘测、分析和方案比较等工作，进而论证该工程在近期兴建的必要性、技术上的可行性及经济上的合理性。

②可行性研究的工作内容和深度是基本选定工程规模；选定坝址；初步选定基本坝型和枢纽布置方式；估算出工程总投资及总工期；对工程经济合理性和兴建必要性做出定量定性评价，该阶段的设计工作可采用简略方法，成果必须具有一定的可靠性，以利于上级主管部门决策。

③可行性研究报告的审批按国家现行规定的审批权限报批申报项目可行性研究报告，必须同时提出项目法人组建方案及运行机制、资金筹措方案、资金结构及回收资金的办法，并依照有关规定附具有管辖权的水行政主管部门或流域机构签署的规划同意书、对取水许可预申请的书面审查意见。审批部门要委托有项目相应资格的工程咨询机构对可行性研究报告评估，并综合行业归口主管部门、投资机构等方面的意见进行审批项目的可行性报告批准后，应正式成立项目法人，并按项目法人责任制实行项目管理。

（3）设计阶段

①初步设计。根据已批准的可行性研究报告和必要的设计基础资料，对设计对象进行通盘研究，确定建筑物的等级；选定合理的坝址、枢纽总体布置、主要建筑物型式和控制性尺寸；选择水库的各种特征水位；选择电站的装机容量、电气主接线方式及主要机电设备；提出水库移民安置规划；选择施工导流方案和进行施工组织设计；编制项目的总概算。

初步设计报告应按照《水利水电工程初步设计报告编制规程》的有关规定编制。初步设计文件报批前，应由项目法人委托有关专家进行咨询，设计单位根据咨询论证意见，对初步设计文件进行补充、修改、优化。初步设计按国家现行规定权限向主管部门申报审批。经批准后的初步设计文件主要内容不得随意修改、变更，并作为项目建设实施的技术文件基础。如有重要修改、变更，须经原审批机关复审同意。

②技术设计或招标设计。对重要的或技术条件复杂的大型工程，在初步设计和施工详图设计之间增加技术设计，其主要任务是在深入细致调查、勘测和试验研究的基础上，全面加深初步设计的工作，解决初步设计尚未解决或未完善的具体问题，确定或改进技术方案，编制修正概算。技术设计的项目内容同初步设计，只是更为深入详尽，审批后的技术设计文件和修正概算，是建设工程拨款和施工详图设计的依据。

③施工详图设计。该阶段的主要任务是：以经过批准的初步设计或技术设计为依据，最后确定地基开挖、地基处理方案，进行细节措施设计；对各建筑物进行结构及细部构造设计，并绘制施工详图；进行施工总体布置及确定施工方法，编制施工进度计划和施工预算等。施工详图预算是工程承包或工程结算的依据。

（4）施工准备阶段

①项目在主体工程开工之前，必须完成各项施工准备工作，其主要内容包括：施工现场的征地、移民、拆迁；完成施工用水、用电、通信、道路和场地平整等工程；建生产、生活必需的临时建筑工程；组织监理、施工、设备和物资采购招标等工作；择优确定建设监理单位和施工承包队伍。

②工程项目必须满足以下条件，方可进行施工准备：初步设计已经批准；项目法人已经建立；项目已列入国家或地方水利建设投资计划，筹资方案已经确定；有关土地使用权已经批准；已办理报建手续。

（5）建设实施阶段

建设实施阶段是指主体工程的建设实施，项目法人按照批准的建设文件，组织工程建设，保证项目建设目标的实现。

①项目法人或其代理机构必须按审批权限，向主管部门提出主体工程开工申请报告，经批准后，主体工程方能正式开工。主体工程开工须具备的条件是：前期工程各阶段文件已按规定批准，施工详图设计可以满足初期主体工程施工需要；工程项目建设资金已落实；主体工程已决标并签订工程承包合同；现场施工准备和征地移民等建设外部条件能够满足主体工程开工需要。

②按市场经济机制，实行项目法人责任制，主体工程开工还须具备以下条件：项目法人要充分授权监理工程师，使之能独立负责项目的建设工期、质量、投资的控制和现场施工的组织协调，要按照"政府监督、项目法人负责、社会监理、企业保证"的要求，建立健全质量管理体系。重大建设项目，还必须设立项目质量监督站，行使政府对项目建设的监督职能。水利工程的兴建必须遵循先勘测、后设计，在做好充分准备的条件下，再施工的建设程序。否则，就很可能会设计失误，造成巨大经济损失乃至灾难性的后果。

（6）生产准备阶段

生产准备应根据不同工程类型的要求确定，一般应包括如下主要内容。

①生产组织准备。建立生产经营的管理机构及相应管理制度；招收和培训人员；按生产运营的要求，配备生产管理人员。

②生产技术准备。主要包括技术资料的汇总、运行技术方案的制订、岗位操作规程制定和新技术准备。

③生产物资准备。主要是落实投产运营所需要的原材料、协作产品、工器具、备品备件和其他协作配合条件的准备。

④运营销售准备。及时具体落实产品销售协议的签订，提高生产经营效益，为偿还债务和资产的保值增值创造条件。

（7）竣工验收

竣工验收是工程完成建设目标的标志，是全面考核基本建设成果、检验设计和工程质量的重要步骤，竣工验收合格的项目即从基本建设转入生产或使用。

①当建设项目的建设内容全部完成，并经过单位工程验收、完成竣工报告、竣工决算等文件后，项目法人向主管部门提出申请，根据相关验收规程，组织竣工验收。

②竣工决算编制完成后，须由审计机关组织竣工审计，其审计报告作为竣工验收的基本资料。另外，工程规模较大、技术较复杂的建设项目可先进行初步验收。

（8）项目后评价

建设项目经过1～2年生产运营后，进行系统评价，也称后评价。其主要内容包括：①影响评价，项目投产后对政治、经济、生活等方面的影响进行评价；②经济效益评价，对国民经济效益、财务效益、技术进步和规模效益等进行评价；③过程评价，对项目的立项、设计、施工、建设管理、生产运营等全过程进行评价。

项目后评价工作必须遵循客观、公正、科学的原则，做到分析合理、评价公正。通过项目后评价以达到肯定成绩、总结经验、研究问题、吸取教训、提出建议、改进工作的目的。

（二）水利工程建设的管理

1. 基本概念

（1）工程建设管理的概念

工程建设目标的实现，不仅要靠科学的决策、合理的设计和先进的施工技术及施工人员的努力工作，而且要靠现代化的工程建设管理。

一般来讲，工程建设管理是指：在工程项目的建设周期内，为保证在一定的约束条件下（工期、投资、质量），实现工程建设目标，而对建设项目各项活动进行的计划、组织、协调、控制等工作。

在工程项目建设过程中，项目法人对工程建设的全过程进行管理；工程设计单位对工程的设计、施工阶段的设计问题进行管理；施工企业仅对施工过程进行控制监管。监理由业主委托的工程监理单位，按委托合同的规定，替业主行使相关的管理权利和相应义务。

对大型的工程项目，涉及技术领域众多，专业技术性强，工程质量要求高，投资额巨大，建设周期较长。工程项目法人管理任务艰巨，责任重大，因此，必须建立一支技术水平高、经验丰富、综合性强的专职管理队伍，当前，要求项目法人委托建设监理单位进行部分或全部的项目管理工作。

（2）工程项目管理的特点

工程建设管理的特殊性主要表现在以下几方面。

①工程建设全过程管理。建设项目管理从工程项目立项、可行性研究、规划设计、工程施工准备（招标）、工程施工到工程的项目后评价，涉及单位众多，经济、技术复杂，建设时间较短。

②项目建设的一次性。由于工程项目建设具有一次性特点，因此，工程建设的管理也是一次性的，不同的行业、规模、类型的建设项目其管理内涵则有一定的区别。

③委托管理特性。企事业单位的管理是以自己管理为主，而建设项目的管理则可以委托专业性较强的工程咨询、工程监理单位进行管理。业主单位人员精干，机构简洁，主要做好决策、筹资、外部协调等主要工作，以便更利于建设目标的实现。

（3）管理的职能工程项目

管理的职能和其他管理一样，主要包括以下几方面。

①计划职能。计划是管理的首要职能，在工程建设每一阶段前，必须按工程建设目标，制订切实可行的计划安排。然后，按计划严格控制并按动态循环方法进行合理的调整。

②组织职能。通过项目组织层次结构及权力关系的设计，按相关合同协议、制度，建立一套高效率的组织保证体系，组织系统相关单位、人员，协同努力实现项目总目标。

③协调职能。协调是管理的主要工作，各项管理均需要协调。由于建设项目建设过程中各部门、各阶段、各层次存在大量的接合部，需要大量的沟通、协调工作。

④控制职能。控制和协调联合、交错运用，按原计划目标，通过进度对比、分析原因、调整计划等对计划进行有效的动态控制。最后，使项目按计划达到设计目标。

2. 工程项目管理的主要内容

（1）项目决策阶段

管理的主要内容包括：投资前期机会研究，根据投资设想提出项目建议书，项目可行性研究、进行项目评估和审批，下达项目设计任务书，等等。

（2）项目设计阶段

通过设计招标选择设计单位，审查设计步骤、设计出图计划、设计图纸质量等。

（3）项目的实施阶段

在项目施工阶段，管理内容可概括为：工程资金的筹集及控制；工程质量监督和控制；工程进度的控制；工程合同管理及索赔；工程建设期间的信息管理；设计变更、合同变更以及对外、对内的关系协调；等等。

（4）项目竣工验收及生产准备阶段

具体包括项目竣工验收的资料整编及管理；竣工验收的申报及组织竣工验收；试生产的各项准备工作，联动试车的问题及处理；等等。

第二章 水利工程建筑物

第一节 重力坝

一、重力坝的工作原理及特点

(一) 重力坝的工作原理

重力坝的工作原理是在水压力及其他荷载的作用下，主要依靠坝体自身重量在滑动面上产生的抗滑力来抵消坝前水压力以满足稳定的要求；同时也依靠坝体自重在水平截面上产生的压应力来抵消由于水压力所引起的拉应力以满足强度的要求。重力坝基本剖面为上游面近于垂直的三角形剖面。在平面上，坝轴线通常呈直线，有时为了适应地形、地质条件，或为了枢纽布置上的要求，也可布置成折线或曲率不大的拱向上游的拱形。为了适应地基变形、温度变化和混凝土的浇筑能力，沿垂直轴线方向常设有永久伸缩缝，将坝体分成若干独立工作的坝段。

(二) 重力坝的特点

重力坝具有以下主要特点。

1. 对地形、地质条件适应性强

地形条件对重力坝的影响不大，几乎任何形状的河谷均可修建重力坝。因为坝体作用于地基面上的压应力不高，所以对地质条件的要求也较低。重力坝对地基的要求虽比土石坝高，但低于拱坝及支墩坝。无重大缺陷的一般强度的岩基均可满足要求，较低的重力坝可建在软基上。另外，由于重力坝沿坝轴线方向被横缝分成若干个独立的坝段，适应不均匀沉降能力强，因此能较好地适应各种非均质地基。

2. 安全可靠，结构简单，施工技术比较容易掌握

坝体放样、立模、混凝土浇筑和振捣等都比较方便，有利于机械化施工。而且由于坝

体剖面尺寸大、筑坝材料强度高、耐久性好，因而抵抗水的渗透、冲刷以及地震和战争破坏能力都比较强，安全性较高。据统计，在各种坝型中，重力坝失事率是较低的。但是，从另一方面看，由于坝体剖面尺寸大，坝体内部应力一般比较小，坝体材料强度不能得到充分发挥。

3. 泄洪和施工导流比较容易解决

由于重力坝的断面尺寸大，筑坝材料抗冲刷能力强，适用于在坝顶溢流和坝身设置泄水孔。在施工期可以利用坝体或底孔导流。一般无须另设河岸溢洪道或泄洪隧洞。在偶然的情况下，即使从坝顶少量过水，一般也不会招致坝体失事，不像土坝那样一旦洪水漫顶很快就会溃坝成灾，这是重力坝的突出优点。在坝址河谷较窄而洪水流量又大的情况下，重力坝可以较好地适应这种自然条件。

4. 受扬压力影响较大

坝体和坝基在某种程度上都是透水的，渗透水流将对坝体产生扬压力。重力坝由于坝体和坝基接触面较大，受扬压力影响也大。扬压力的作用方向与坝体自重的方向相反，会抵消部分坝体的有效重量，对坝体的稳定和应力情况不利，应该采取有效的防渗排水措施，减小扬压力的作用，以减少坝体工程量。

5. 坝体体积大，水泥用量多，温度控制要求严格

由于混凝土重力坝体积大，水泥用量多，施工期混凝土的水化热和硬化收缩将产生不利的温度应力和收缩应力，一般均须采取温控散热措施。许多工程因温度控制不当而出现裂缝，有的甚至形成危害性裂缝，从而削弱坝体的整体性能。

二、重力坝的类型

按坝的高度可分为高坝、中坝、低坝。坝高大于 70m 的为高坝；坝高 30～70 m 的是中坝；坝高小于 30m 的为低坝。坝高指的是坝体最低面（不包括局部深槽或井、洞）至坝顶路面的高度。

按照筑坝材料可分为混凝土重力坝和浆砌石重力坝。一般情况下，较高的坝和重要的工程经常采用混凝土重力坝，中、低坝则可以采用浆砌石重力坝。

按照坝体是否过水可分为溢流坝和非溢流坝。坝体内设有泄水底孔的坝段和溢流坝段统称为泄水坝段。非溢流坝段也称作挡水坝段。

按照施工方法混凝土重力坝可分为浇筑式混凝土重力坝和碾压式混凝土重力坝。

按照坝体的结构型式可分为实体重力坝、宽缝重力坝、空腹重力坝。

实体重力坝的结构型式简单，设计施工比较方便，其缺点是扬压力大、工程量较大，

而且混凝土材料抗压强度不能充分发挥。宽缝重力坝、空腹重力坝则可以利用宽缝和空腹排除坝基的渗透水流，有效地减小扬压力，较好地利用材料的抗压强度，从而可减少10%~30%的工程量。空腹重力坝还可以将水电站厂房设置在空腹内，减少了电站厂房的开挖工程量，也可从厂房顶部泄水，解决狭窄河谷中布置电站厂房和泄水建筑物的困难。上世纪70年代以前宽缝重力坝在我国应用得比较多。在坝高50 m以上的重力坝中有40%以上的是宽缝重力坝，其中新安江、潘家口、丹江口均为宽缝重力坝，坝高分别为105 m、107 m和111.6 m。石泉水电站为空腹重力坝，坝高65 m。宽缝重力坝和空腹重力坝坝型与实体重力坝相比，缺点是施工比较复杂、模板用量大，不适合大型机械化施工。

三、重力坝的荷载及其组合

作用于重力坝的主要荷载有坝体自重（包括固定设备重）、上下游坝面上的水压力（水平和铅直方向）、扬压力、浪压力或冰压力、泥沙压力以及地震荷载等。设计重力坝时应根据具体的运用条件确定各种荷载及其数值，并选择不同的荷载组合，用以验算坝体的稳定和强度。

（一）基本荷载

基本荷载包括：坝体及其上永久设备的自重；正常蓄水位或设计洪水位时的静水压力；相应于正常蓄水位或设计洪水位时的扬压力；泥沙压力；相应于正常蓄水位或设计洪水位时的浪压力；冰压力；土压力；相应于设计洪水位时的动水压力；其他出现机会较多的荷载。

（二）特殊荷载

特殊荷载包括：校核洪水位时的静水压力；相应于校核洪水位时的扬压力；相应于校核洪水位时的浪压力；相应于校核洪水位时的动水压力；排水失效时的扬压力；地震荷载；其他出现机会很少的荷载。

荷载组合情况分为两大类：一类是基本组合，指水库处于正常运用情况（又称为设计情况或正常情况）下可能发生的荷载组合，由基本荷载组成；另一类是特殊组合，指水库处于非常运用情况（又称为校核情况或非常情况）下的荷载组合，由基本荷载和一种或几种特殊荷载所组成。

四、重力坝的抗滑稳定分析

抗滑稳定分析是重力坝设计中的一项重要内容，其目的是核算坝体沿坝基面或坝基内部缓倾角软弱结构面抗滑稳定的安全性能。因为重力坝沿坝轴线方向用横缝分隔成若干个独立的坝段，假设横缝不传力，所以稳定分析可以按平面问题进行，取一个坝段或单位宽度（河床部分）作为计算单元。但对于地基中存在多条互相切割交错的软弱面构成空间滑动体或位于地形陡峻的岸坡段，则应按空间问题进行分析。

岩基上的重力坝常见的失稳破坏形式有两种：一种是沿坝体抗剪能力不足的软弱结构薄弱层面产生滑动，包括坝体与坝基的接触面滑动和坝基岩体内有连续的断层破碎带软弱结构而产生滑动；另一种是在各种荷载作用下，上游坝踵出现拉应力，使之产生裂缝，或下游坝趾压应力过大，超过坝基岩体或坝体混凝土的允许强度而压碎，从而产生倾覆破坏。当重力坝满足抗滑稳定和应力要求时，通常不必校核抗倾覆的安全性。

五、重力坝的应力分析

（一）重力坝的应力分析的目的

应力分析的目的是检验大坝在施工期和运用期是否满足强度要求，并根据应力分布情况进行坝体混凝土强度等级分区，也为研究坝体某些部位的应力集中和配筋等提供依据。应力分析的过程是：首先进行荷载计算和荷载组合，然后选择适宜的方法进行应力计算，最后检验坝体各部位的应力是否满足强度要求。

（二）重力坝的应力分析的方法

重力坝的应力分析方法可归结为理论计算和模型试验两大类。这两类方法是彼此补充、互相验证的，其结果都要受到原型观测的检验。坝体应力计算，中等高度的重力坝采用材料力学法；横缝灌浆形成整体的重力坝用悬臂梁与水平梁共同受力的分载法；结构复杂和复杂地基上的中、高坝用线性或非线性有限元计算；必要时以结构模型试验复核。目前常用的几种应力分析方法综述如下。

1. 模型试验法

目前常用的试验方法有光测方法、脆性材料电测方法及地质力学模型实验方法等。光测方法有偏光弹性试验和激光全息试验，主要解决弹性状态应力问题。脆性材料电测方法除能进行弹性应力分析外，还能进行破坏试验。地质力学模型试验方法可以进行复杂地基的试验。此外，利用模型试验还可进行坝体温度场和动力分析等方面的研究。模型试验方法在模拟材料特性、施加自重荷载和地基渗流体积力等方面，目前仍存在一些问题，有待进一步研究和改进。

2. 材料力学法

这是应用最广、最简便，也是重力坝设计规范中规定采用的计算方法。材料力学法不考虑地基的影响，假定水平截面上的正应力 σ_y 按直线分布，用材料力学的偏心受压公式计算其大小。计算结果在地基附近约 1/3 坝高范围内，与实际情况不符。但这种方法有长期的实践经验。多年的工程实践证明，对于中等高度的坝，应用这一方法，是可以保证工程安全的。对于较高的坝，特别是在地基条件比较复杂的情况下，还应该同时采用其他方法进行应力分析。

3. 弹性理论的解析法

这种方法在力学模型和数学解法上都是严格的，但目前只有少数边界条件简单的典型结构才有解答，所以在工程设计中应用较少。由于通过对典型构件的计算，可以检验其他方法的精确性，因此，弹性理论的解析方法仍是一种很有价值的分析方法。

4. 弹性理论的有限元法

有限元法在力学模型上是近似的，在数学解法上是严格的，可以处理复杂的边界，包括几何形状、材料特性和静力条件。它不仅能解决弹性问题，还能解决弹塑性问题；不仅能解决静力问题，也能解决动力问题；不仅能计算单一结构，还能计算复杂的组合结构。有限元法是一种综合能力很强的计算方法。

六、碾压混凝土重力坝

碾压混凝土重力坝是 20 世纪 80 年代以来发展较快的一种新的筑坝技术，其是把土石坝施工中的碾压技术应用于混凝土坝，采用自卸汽车或皮带输送机将干硬性混凝土运到仓面，以推土机平仓，分层填筑，振动压实成坝。它从根本上改革了常规混凝土的浇捣方法，是将土石坝碾压设备和技术应用于混凝土坝施工的一种新坝型。与常规混凝土坝相比。其主要有以下优点。

一是施工程序简单，可快速施工，缩短工期，提前发挥工程效益。

二是胶凝材料（水泥+粉煤灰+矿渣等）用量少，一般为 120～160 kg/m³，其中水泥用量为 60～90 kg/m³。

三是由于水泥用量少，结合薄层大仓面施工，坝体内部混凝土的水化热减少，散热面大，温升可大大降低，从而简化了温控措施。

四是不设纵缝，节省了模板及接缝灌浆等费用，有的甚至整体浇筑，不设横缝。

五是可适用大型通用施工机械设备，提高混凝土运输和填筑的工效。

六是降低工程造价。

碾压式混凝土坝的剖面设计在体形上应该力求简单，便于施工。坝顶最小宽度为 5m，上游坝面宜采用铅直面或斜面，应尽量避免折面。

抗滑稳定分析的计算内容应包括沿坝基面和基础深层的抗滑稳定计算。当坝体不设置横缝时，应计算整体抗滑稳定。碾压混凝土坝抗滑稳定分析方法与常态混凝土坝相同，水力计算、强度分析与常态混凝土坝也相同，但在材料、构造与施工工艺等方面要适应碾压式混凝土坝的特点。

为了保证坝体的抗渗、抗冻、抗冲、耐磨等性能要求，一般在坝基、上下游面及坝顶部位仍采用常态混凝土，内部用碾压混凝土，即所谓的"金包银"结构，坝体上游面 2～3m 范围内用常态混凝土做防渗体，为减小温度应力和防止不均匀沉降，防渗体也要设置横缝，与坝体的横缝相通，缝内设置止水。当采用富胶凝材料碾压混凝土做防渗层时，其厚度和抗渗等级应满足坝体的防渗要求。

由于碾压式混凝土坝采用通仓碾压，故一般不设纵缝。但为了适应温度伸缩和地基不均沉降，仍应设置横缝，间距一般为 15～20 m。坝体排水管可设置在防渗层的下游侧。为了减少施工干扰，增大施工作业面，坝内廊道的层数可适当减少，构造尽可能简化。

施工时，表层常规混凝土与内部混凝土同步上升。碾压混凝土分层摊铺，每层厚 20～50 cm。碾压后间隔一定时间，先进行层面处理，然后再填筑上层。

由于碾压混凝土重力坝具有施工简单、速度快、工期短、投资省等优点，在 21 世纪初的十几年来，全世界已建和在建的上百座碾压混凝土坝中，大多数为重力坝。我国设计建设的三河口碾压混凝土拱坝最大坝高 141.5 m；龙滩碾压混凝土重力坝第一期工程的最大坝高 192 m，后期 216.5 m；黄登碾压混凝土重力坝最大坝高 230 m，坝高均处于世界领先水平。

七、溢流重力坝

任何一个水库枢纽的库容都是有限的，不能将全部的洪水拦蓄在库内，超过水库调蓄能力的水量必须泄到下游，以保证坝体安全。对于重力坝枢纽，泄水任务可以直接由设置在坝身的溢流坝和泄水孔来承担。

（一）溢流重力坝的工作特点

溢流重力坝既是挡水建筑物又是泄水建筑物，因此其除应满足稳定和强度要求外，还要满足泄流能力的要求。溢流重力坝是重力坝枢纽中最重要的泄水建筑物，用于将规划确定的库容所不能容纳的绝大部分洪水由坝顶泄向下游，确保大坝的安全。溢流重力坝应满足的泄水要求包括如下几方面：

第一，有足够的孔口尺寸、良好的孔口体形和泄水时具有较大的流量系数，以满足泄洪要求。

第二，使水流平顺地流过坝体，不产生不利的负压和振动，避免产生空蚀现象。

第三，保证下游河床不产生危及坝体安全的局部冲刷。

第四，溢流坝段在枢纽中的布置，应使下游流态平顺，不产生折冲水流，不影响枢纽中其他建筑物的正常运行。

第五，有灵活控制水流下泄的机械设备，如闸门、启闭机等。

（二）溢流坝的孔口形式

1. 坝顶溢流式

坝顶溢流式也称开敞溢流式。这种形式的溢流孔除宣泄洪水外，还能用于排除冰凌和其他漂浮物。堰顶可以设闸门，也可不设。不设闸门的溢流堰，堰顶高程与正常水位齐平，泄洪时库水位壅高，加大了淹没损失，非溢流坝顶高程也相应提高，但结构简单，管理方便。这种不设闸门的溢流孔适用于洪水量较小、淹没损失不大的中、小型工程。设置闸门的溢流孔，闸门顶大致与正常蓄水位齐平，堰顶高程较低，可以调节水库水位和下泄流量，减少上游淹没损失和非溢流坝的工程量。通常大中型工程的溢流坝均装有闸门。

坝顶溢流式闸门承受的水头较小，所以孔口尺寸可以较大。当闸门全开时，下泄流量与堰上水头 H_0 的 3/2 次方成正比。随着库水位的升高，下泄流量可以迅速增大，当遭遇意外洪水时可有较大的超泄能力。由于闸门在顶部，操作方便，易于检修，工作安全可靠，因此坝顶溢流式得到广泛应用。

2. 大孔口溢流式

大孔口溢流式上部设置胸墙，堰顶高程较低。这种形式的溢流孔可根据洪水预报提前放水，能腾出较多库容储蓄洪水，从而提高调洪能力。当库水位低于胸墙时，下泄水流和坝顶溢流式相同；库水位高出孔口一定高度时为大孔口泄流，超泄能力不如坝顶溢流式。胸墙为钢筋混凝土结构，一般与闸墩固接，也有做成活动的，遇特大洪水时可将胸墙吊起以提高泄水能力。

（三）溢流重力坝消能工的形式

经过溢流重力坝下泄的水流挟有巨大的能量，必须要有妥善的消能设施，否则将在坝下游河床引起巨大冲刷，影响正常运行，严重时甚至危及工程安全。

混凝土溢流重力坝的消能设施，最常见的有以下四种方式，即挑流消能、底流消能、面流消能和消力戽消能。

1. 挑流消能

挑流消能是利用鼻坎将下泄的高速水流向空中抛射，使水流扩散，并掺入大量空气，然后跌入下游河床水垫后，形成强烈的旋滚，并冲刷河床形成冲坑。随着冲坑逐渐加深，水垫越来越厚，大部分能量消耗在水滚的摩擦中，冲坑逐渐趋于稳定。挑流消能工简单经济，但下游局部冲刷不可避免，一般适用于基岩比较坚固的高坝或中坝，低坝须经论证才能使用。

2. 底流消能

底流消能是在坝趾下游设消力池、消力坎等，促进水流在限定范围内产生水跃，通过水流内部的旋滚、摩擦、掺气和撞击消耗能量。底流消能具有流态稳定、消能效果好、对地质条件和尾水变幅适应性强及水流雾化小等优点；但工程量大，不宜排漂或排冰。

底流消能适用于中、低坝或基岩较软弱的河道，高坝采用底流消能须经论证。

3. 面流消能

面流消能是在溢流重力坝下游面设低于下游水位、挑角不大的鼻坎，将主流挑至水面，在主流下面形成旋滚，其流速低于水面，且旋滚水体的底部流动方向指向坝址，并使主流沿下游水面逐步扩散，减小对河床的冲刷，达到消能防冲的目的。

面流消能适用于水头较小的中、低坝，要求下游水位稳定，尾水较深，河道顺直，河床和河岸在一定范围内有较高抗冲能力，可排漂和排冰。

4. 消力戽消能

消力戽消能是在溢流坝址设置一个半径较大的反弧戽斗，戽斗的挑流鼻坎潜没在水下，形不成自由水舌，水流在戽内产生旋滚，经鼻坎将高速的主流挑至表面，其流态为"三滚一浪"。戽内、外水流的旋滚可以消耗大量能量，因高速水流挑至表面，减轻了对河床的冲刷。

消力戽适用于尾水较深（通常大于跃后水深）、变幅较小、无航运要求且下游河床和两岸有一定抗冲能力的情况。高速主流在表面，不需护坦，但水面波动较大。

八、重力坝的坝身泄水孔

坝身泄水孔可设在溢流坝段或非溢流坝段内，它的主要组成部分包括进口段、闸门段、孔身段、出口段和下游消能设施等。

（一）坝身泄水孔的作用及工作条件

坝身泄水孔的进口全部淹没在水下，随时都可以放水。其作用：一是宣泄部分洪水；

二是预泄库水，增大水库的调蓄能力；三是放空水库以便检修；四是排放泥沙，减少水库淤积；五是随时向下游放水，满足航运或灌溉等要求；六是施工导流。

坝身泄水孔内水流流速较高，容易产生负压、空蚀和振动；闸门在水下，检修较困难，闸门承受的水压力大，启门力也相应加大；门体结构、止水和启闭设备都较复杂，造价也相应增高。水头越高，孔口面积越大，技术问题越复杂。所以，一般都不用坝身泄水孔作为主要的泄洪建筑物。泄水孔的过水能力主要根据预泄库容、放空水库、排沙或下游用水要求来确定。在洪水期泄水孔可用来辅助泄洪。

在重力坝枢纽中设置坝身泄水孔用于放空水库是非常必要的。我国早期有些工程没有修建这类泄水建筑物，给后来的工程运行管理和检修造成很大困难。

（二）坝身泄水孔的型式

按水流条件，坝身泄水孔可分为有压的和无压的；按泄水孔所处的高程，可分为中孔和底孔；按布置的层数，又可分为单层和多层的。

1. 有压泄水孔

有压泄水孔的工作闸门布置在出口，门后为大气，可以部分开启；出口高程较低，作用水头较大，断面尺寸较小。但是闸门关闭时，孔内承受较大的内水压力，对坝体应力和防渗都不利，常需钢板衬砌。因此，常在进口处设置事故检修闸门，平时兼用来挡水。

2. 无压泄水孔

无压泄水孔的工作闸门布置在进口。为了形成无压水流，要在闸门后将断面顶部升高。闸门可以部分开启，闸门关闭后孔道内无水。明流段可不用钢板衬砌，施工简便、干扰少、有利于加快施工进度；与有压泄水孔相比，对坝体削弱较大。国内重力坝多采用无压泄水孔，如三门峡、丹江口、刘家峡工程等。

（三）进口段

坝身泄水孔的进口高程一般应根据其用途和水库的运用条件确定。例如：对于配合或辅助溢流重力坝泄洪兼做导流和放空水库用的坝身泄水孔，在不发生淤堵的前提下进口高程应尽量放低，以利于降低施工围堰或大坝的拦洪高程；对于放水供下游灌溉或城市用水的坝身泄水孔，其进口高程应与坝后引水渠首高程相适应；对于担负排沙任务的泄水排沙孔的进口高程，应根据水库不淤高程和排沙效果来确定。

（四）闸门段

在坝身泄水孔中最常采用的闸门是平面闸门和弧形闸门。弧形闸门不设门槽，水流平顺，这对于坝身泄水孔是一个很大的优点，因为泄水孔中的空蚀常常发生在门槽附近；弧形闸门另一个优点是启门力较平面闸门小，运用方便。弧形闸门的缺点是：闸门结构复杂，整体刚度差，门座受力集中，闸门启闭室所占的空间较大。而平面闸门则具有结构简单、布置紧凑、启闭机可布设在坝顶等优点。平面闸门的缺点是：启门力较大，门槽处边界突变，易产生负压引起空蚀。对于尺寸较小的坝身泄水孔，可以采用阀门，目前常用的是平面滑动阀门，闸门和启闭机连在一起，操作方便，抗震性能好，启闭室所占的空间也小。

（五）孔身段

有压泄水孔多用圆形断面，但泄流能力较小的有压泄水孔则常采用矩形断面。由于防渗和应力条件的要求，孔身周边要布设钢筋，有时还要采用钢板衬砌。

无压泄水孔通常采用矩形断面。为了保证形成稳定的无压流，孔顶应留有足够的空间，以满足掺气和通气的要求。孔顶距水面的高度可取通过最大流量不掺气水深的30%～50%。门后泄槽的底坡可按自由射流水舌曲线设计，以获得较高的流速系数，为保证射流段为正压，可按最大水头计算。为了减小出口的单宽流量，有利于下游消能，在转入明流段后，两侧可以适当扩宽。

（六）渐变段

坝身泄水孔进口一般都做成矩形，以便布置进口曲线和闸门。当有压泄水孔断面为圆形时，在进口闸门后需设渐变段，以便水流平顺过渡，防止负压和空蚀的产生。渐变段可采用在矩形4个角加圆弧的办法逐渐过渡；当工作闸门布置在出口时，出口断面也须做成矩形，因此，在出口段同样须要设置渐变段。

（七）平压管和通气孔

1. 平压管

为了减小检修闸门的启门力，应当在检修闸门和工作闸门之间设置与水库连通的平压管。开启检修闸门前先在两道闸门中间充水，这样就可以在静水中启吊检修闸门。平压管直径根据规定的充水时间确定，控制阀门可布置在廊道内。当充水量不大时，也可将平压管设在闸门上，充水时先提起门上的充水阀，待充满后再提升闸门。

2. 通气孔

工作闸门布置在进口，提闸泄水时，门后的空气被水流带走，形成负压，因此在工作闸门后要设置通气孔。在向两道闸门之间充水时，须将空气排出，因此有时在检修闸门后也须设通气孔。

九、重力坝的地基处理

重力坝承受的荷载较大，对地基的要求较高。它对地基的要求介于拱坝和土石坝之间。除少数较低的重力坝可建在土基上外，一般须建在岩基上。然而天然基岩经受长期地质构造运动及外界因素的作用，多少存在着风化、节理、裂隙、破碎等缺陷，在不同程度上破坏了基岩的整体性和均匀性，降低了基岩的强度和抗渗性。因此必须对地基进行适当的处理，以满足重力坝对地基的下列要求。

一是具有足够的强度，以承受坝体的压力。

二是具有足够的整体性、均匀性，以满足坝基抗滑稳定和减少不均匀沉陷。

三是具有足够的抗渗性，以满足渗透稳定，控制渗流量。

四是具有足够的耐久性，以防止岩体性质在水的长期作用下发生恶化。

据统计资料，重力坝的失事有40%是由地基问题造成的。我国在这方面也有很多经验教训。因此在重力坝设计中，必须十分重视对地基的勘测研究及处理，这是一项关系大坝安全、经济和建设速度的极为重要的工作。

地基处理主要包含两方面的工作：一是防渗，二是提高基岩强度。一般情况下包括坝基开挖清理，对基岩进行固结灌浆和防渗帷幕灌浆，设置基础排水系统，对特殊地质构造如断层、破碎带和溶洞等进行专门的处理等。

第二节　拱坝与土石坝

一、拱坝

（一）拱坝的工作原理及其特点

拱坝是平面上凸向上游三向固定的空间壳体挡水建筑物，通常看成由一根根悬臂梁和一层层水平拱构成的。它将其所承受的水平荷载一部分通过拱的作用压向两岸岩体，而另一部分水平荷载通过悬臂梁的作用传至坝底基岩。它不像重力坝那样利用自重维持稳定，而是利用筑坝材料的抗压强度和两岸拱端岩体来支承拱端反力，是一种经济性和安全性均很优越的坝型。与其他坝型比较，它具有如下一些特点。

1. 利用拱结构特点，充分利用材料强度

拱坝是一种推力结构，在外荷载作用下，只要设计得当，拱圈截面上主要承受轴向压应力，弯矩较小，有利于充分发挥坝体混凝土或浆砌石材料抗压强度。拱作用发挥得越大，材料的抗压强度越能得到充分利用，坝体的厚度也越可减薄。对适宜修建拱坝和重力坝的同一坝址，相同坝高的拱坝与重力坝相比，拱坝体积可节省 1/3～2/3。因而拱坝是一种比较经济的坝型。

2. 利用两岸岩体维持稳定

与重力坝利用自重维持稳定的特点不同，拱坝将外荷载的大部分通过拱作用传至两岸岩体，主要依靠两岸坝肩岩体维持稳定，坝体自重对拱坝的稳定性影响不大。因此，拱坝对坝址地形地质条件要求较高，对地基处理的要求也较为严格。尽管目前对修建拱坝的坝址条件有所放宽，但充分摸清坝基地质情况，进行细致分析以及认真进行地基处理则是必要的。

3. 超载能力强，安全度高

拱坝通常是周边嵌固的高次超静定结构。当外荷载增大或某一部位因拉应力过大而发生局部开裂时，能调整拱梁系统的荷载分配，改变应力分布状态，不致使坝丧失全部承载能力。局部因拉应力增大引起的水平裂缝会降低坝体悬臂梁的作用，竖直裂缝会使拱圈未开裂部分应力增加。梁作用减弱，致使拱作用增强，使未开裂部分拱的应力再增加，原来的拱圈变成具有更小曲率半径的拱圈，从而使坝内应力重新分布，拱圈成为无拉力的有效拱或有小于允许拉应力的有效拱。所以按结构特点，拱坝坝面允许局部开裂。在两岸有坚固岩体支承的条件下，坝的破坏主要取决于压应力是否超过筑坝材料的强度极限。一般混凝土均有一定的塑性和徐变特性，在局部应力特大的部位，变形受限制的情况下，经过一段时间，混凝土的徐变变形增大，使特大应力有所降低。由于上述原因，拱坝在合适的地形地质条件下具有很强的超载能力。

4. 抗震性能好

由于拱坝是整体性空间结构，厚度薄，富有弹性，因而其抗震能力较强。

5. 荷载特点

拱坝坝体不设永久性伸缩缝，其周边通常固接于基岩上，因而温度变化、地基变形等对坝体应力有显著影响。此外，坝体自重和扬压力对拱坝应力的影响较小。坝体越薄，上述特点越明显。

6. 坝身泄流布置复杂

拱坝坝体单薄，坝身开孔或坝顶溢流会削弱水平拱和顶拱作用，并使孔口应力复杂化；坝身下泄水流的向心收聚易造成河床及岸坡冲刷。但随着修建拱坝技术水平的不断提高，通过合理的布置，坝身不仅能安全泄流，而且能开设大孔口泄洪。

（二）拱坝的地形和地质条件

1. 地形条件

由于拱坝的结构特点，拱坝的地形条件往往是决定坝体结构型式、工程布置和经济性的主要因素。所谓地形条件是针对开挖后的基岩面而言的，常用坝顶高程处的河谷宽度和坝高之比（称为宽高比 L/H）及河谷断面形状两个指标表示。

河谷的宽高比 L/H 值越小，说明河谷越窄深。拱坝水平拱圈跨度相对较短，悬臂梁高度相对较大，即拱的刚度大，拱作用容易发挥，可将大部分荷载通过拱的作用传给两岸，坝体可设计得薄些。反之，L/H 值越大，河谷越宽浅，拱作用越不易发挥，大部分荷载通过梁的作用传给地基，坝断面就要设计得厚些。根据经验，当 L/H<1.5 时，可修建薄拱坝；L/H=1.5～3.0，可修建中厚拱坝；L/H=3.0～4.5，可修建厚拱坝。L/H 更大的条件下，一般认为拱的作用就不明显了。但随着拱坝技术水平的不断提高，上述界限已被突破。

河谷的断面形状是影响拱坝体形及其经济性的更为重要的因素。不同河谷即使具有同一宽高比，断面形状也可能相差很大。两种情况（V 形和 U 形），在水荷载作用下拱梁间的荷载分配以及对拱坝体形的影响。对于左右岸对称的 V 形河谷，拱圈跨度自上而下逐渐减小，刚度逐渐增强，尽管水压强度自上而下逐渐加大，因拱作用得以充分发挥，坝厚仍可做得薄些；对于 U 形河谷，由于拱圈跨度自上而下几乎不变，拱刚度不增加，为抵挡随深度而增加的水压力，须增加梁的刚度（即增加坝体厚度），故坝体须做得厚些。梯形河谷介于 V 形和 U 形两者之间。

2. 地质条件

地质条件的好坏直接影响拱坝的修建，这是因为拱坝是高次超静定整体结构，地基的过大变形对坝体应力有显著影响，甚至会引起坝体破坏。因此，拱坝对地质条件的要求比其他混凝土坝严格得多。较理想的地质条件是岩石均匀单一，有足够的强度，透水性小，耐久性好；两岸拱座基岩坚固完整，边坡稳定，无大的断裂构造和软弱夹层，能承受由拱端传来的巨大推力而不致产生过大的变形，尤其要避免两岸边坡存在向河床倾斜的节理裂隙或构造。

实际工程中，理想的地质条件是较少见的，天然坝址或多或少会存在某些地质缺陷。建坝前须弄清地基地质情况，采取相应合理有效的工程措施进行严格处理。随着拱坝技术水平的提高和基础处理方法的改进，目前国内外已有不少拱坝成功地修建在坝基岩石强度较低或断层夹层较多或风化破碎较深的不理想坝址上。如我国青海省的龙羊峡重力拱坝，高 178 m，坝址区的岩体经多次的构造运动，断裂极为发育，坝区被较大断层或软弱带所切割，经过认真严格的基础处理，于 1987 年 9 月开始发电，运行良好。又如贵州乌江渡重力拱坝，坝高 165 m，坝基岩溶发育，钻探发现大量溶洞，总体积达 8.2 万 m^3，采用大规模帷幕防渗，帷幕长 1020 m，总面积 18 万 m^3，河床部位帷幕深达 80 m，两岸在帷幕河床以下 200 m。渗漏监测结果表明帷幕防渗效果良好。坝高 220 m 的瑞士康特拉双曲拱坝，坝址处有一条顺河断层，宽 3～4 m，错距 10 m，基岩本身褶皱，挤压破碎严重，建造中采取了谨慎的地基处理措施。

（三）拱坝的类型

按不同的分类原则，拱坝可分为如下一些类型。

按建筑材料和施工方法分类，可分为常规混凝土拱坝、碾压混凝土拱坝和砌石拱坝。

也可以按坝的高度和体形分类。

第一，按坝高分类：大于 70 m 的为高坝、30～70 m 的为中坝、小于 30 m 的为低坝。

第二，按拱圈线型分类：可分为单心圆、双心圆、三心圆、抛物线、对数螺旋线、椭圆拱坝等。

第三，按坝面曲率分类：可分为单曲拱坝和双曲拱坝。单曲拱坝只在水平截面上呈拱形，而竖向悬臂梁断面的上游面是铅直的。在接近矩形或较宽的梯形断面河谷中，河谷宽度从坝顶到坝底相差不大，各高程拱圈中心角相接近，上游坝面拱弧半径在各高程内保持不变，仅改变下游拱弧半径，以适应随水深变化坝厚相应增厚的需要。这种坝型上游面为铅直的圆筒形，不同高程各拱圈的内外拱弧护圆心位于同一条铅直线上，这就形成了定圆心、等半径拱坝。

双曲拱坝在水平和铅直方向上均呈拱形，这样可避免 V 形河谷或上宽下窄河谷采用定半径式拱坝因底部中心角小而产生的拉应力。此时水平拱圈的半径从上（层）到下（层）逐渐减小，中心角不变或做相应变化。当中心角不变时即形成变半径等中心角双曲拱坝，常称为定角式拱坝。当中心角随河谷形状或为满足应力要求做相应变化时，即形成变半径变中心角双曲拱坝。由于各层的半径和中心角都是变化的，上游面不再是铅直的，而是具有一定的曲率。曲率大小由河谷形状和应力条件经不断布置和计算调整得出。

（四）拱坝的荷载及应力分析

1. 拱坝的荷载

作用在拱坝上的荷载有静水压力、动水压力、温度荷载、自重、扬压力、泥沙压力、浪压力、冰压力、温度作用和地震荷载等。由于拱坝的受力特点，与重力坝相比，坝体自重和扬压力对拱坝应力的影响程度减小。但是，由于拱坝周边通常固接于基岩上，坝体为高次超静定结构，温度变化、地基变形等对坝体应力有显著影响，因此温度荷载是拱坝设计中的主要荷载之一。

温度荷载的大小与封拱温度和气温变化有关，封拱温度的高低对温度荷载的影响很大。封拱前，拱坝的温度应力问题属于单独浇注块的温度问题，与重力坝相同。封拱后，拱坝形成整体，当坝体温度高于封拱温度时，即温度升高，拱圈伸长并向上游位移，由此产生的弯矩、剪力的方向与库水位产生的相反，但轴力方向相同；当坝体温度低于封拱温度时，即温度降低，拱圈收缩并向下游位移，由此产生的弯矩、剪力的方向与库水位产生的相同，但轴力方向相反。因此一般情况下，温降对坝体应力不利，温升对坝肩稳定不利。封拱温度的确定，可选用下游坝面的年平均气温和上游坝面的年平均水温作为边界条件，求出其坝体的温度场，据此定出坝体各区的封拱温度。实际工程中，一般选在年平均气温或略低于年平均气温时进行封拱。

2. 拱坝应力分析方法综述

拱坝是一个变厚度、变曲率而边界条件又很复杂的空间壳体结构，难以用严格的理论计算确定坝体的应力状态。在工程设计中，根据问题的侧重点常做一些假定和简化，使计算成果能满足工程需要。拱坝应力分析的常用方法有圆筒法、纯拱法、拱梁分载法（包括拱梁法和拱冠梁法）、有限单元法和结构模型试验法等。

（1）圆筒法

圆筒法把拱坝当作铅直圆筒的一部分，采用圆筒公式进行计算。它是拱坝计算中使用最早、最简单的方法，只适用于承受均匀外水压力的等截面圆弧拱圈，只能粗略地求出径向截面上的均匀应力。它不考虑拱在两岸的嵌固条件，不能计入温度及地基变形的影响，因而不能反映拱坝的真实工作情况。

（2）纯拱法

纯拱法假定拱坝由一系列各自独立互不影响的水平拱圈叠合而成，每层拱圈简化为两端固结的平面拱，用结构力学方法求解拱的应力。该方法虽然可以计入每层拱圈的基础变位、温度、水压力等的作用，但忽略了拱坝的整体作用，求得的拱应力偏大，也不符合拱坝的真实工作情况。但该法计算简便，概念明确，对于在狭窄河谷中修建拱坝，不失为一种简单实用的计算方法。同时纯拱法也是拱梁分载法的重要组成部分，分配给拱的荷载要用它来计算水平拱圈的应力。

（3）拱梁分载法

拱梁分载法是当前用于拱坝应力分析的基本方法。它把拱坝看成由一系列水平拱圈和铅直梁所组成的，荷载由拱和梁共同承担，各承担多少荷载由拱梁交点处变位一致条件决定。荷载分配后，梁按静定结构计算应力，拱按纯拱法计算应力。确定拱梁荷载分配的方法可以用试载法，也可以用计算机求解联立方程组来代替试算。

拱梁分载法包括多拱多梁法和拱冠梁法。前者将拱坝看成由一系列水平拱和一系列铅直梁组成，拱梁荷载分配时须考虑拱、梁每个交点处的变位协调。而后者只取拱冠处一根悬臂梁，根据各层拱圈与拱冠梁交点处径向变位一致的条件求得拱梁荷载分配，且拱圈所分配到的径向荷载从拱冠到拱端为均匀分布，认为拱冠梁两侧梁系的受力情况与拱冠梁一样。由此可见，多拱多梁法可较好地反映拱坝的受力情况，但计算工作量较大；而拱冠梁法因仅考虑一根梁，计算工作量较多拱多梁法大大减少，计算精度也相对降低，适用于河谷狭窄和对称的中小型工程。对于大型工程，为减少计算工作量，拱冠梁法也可用于可行性研究和初步设计阶段的坝型选择。

（4）有限单元法和结构模型试验法

有限单元法和结构模型试验法与重力坝相同。总之，拱坝作为空间壳体结构，其边界条件和作用荷载都很复杂。尤其是当坝基、坝肩存在复杂的地质构造时，用现有的原理求解应力难免存在一定的近似性，因此我国的混凝土拱坝设计规范规定：拱坝的应力分析一般以拱梁分载法的计算结果作为衡量强度安全的主要指标。对于1、2级建筑物或比较复杂的拱坝，当用拱梁分载法计算不能取得可靠的应力成果时，应进行有限元法计算或用结构模型试验加以验证，必要时两者同时进行验证。

（五）坝肩稳定分析

拱坝结构本身的安全度很高，但必须保证两岸坝肩基岩的稳定。按照现代设计理论修建的拱坝，只要两岸坝肩基岩稳定，拱坝一般不会从坝内或坝基接触面上发生滑动破坏。保持坝肩稳定是拱坝建设中一个非常重要的问题。因此，在完成拱坝平面布置和应力计算之后，须对坝肩两岸岩体进行抗滑稳定分析。在坝肩稳定分析前，应先进行以下几项工作：第一，深入了解两岸岩体的工程地质和水文地质勘探资料；第二，了解岩体结构面及其充填物的岩石力学特性和试验参数；第三，研究和确定作用在拱座上的空间力系；第四，研究选择合理的分析方法。

评价坝肩稳定的方法有两类：一类是数值计算法，它包括刚体极限平衡法和有限元法；另一类是模型试验法，它包括线弹性结构应力模型试验和地质力学模型试验。在实际工程中，常用刚体极限平衡法来判断坝肩岩体的稳定性。该方法的假定滑移体为刚体，不考虑其中各部分之间的相对位移；只考虑滑移体上力的平衡，不考虑力矩的平衡，因此计算结果比较粗略，然而概念明确，方法简便易掌握，已有长期的工程实践经验，和目前勘测试验所得到的原始数据的精度相比较也是相当的。目前国内外仍沿用它作为判断坝肩岩体稳定的主要手段。当然对于大型重要工程或复杂的地质情况，应辅以结构模型试验和有限元分析。

二、土石坝

土石坝是用当地土料、石料或土石混合料填筑而成的坝，又称当地材料坝。土石坝是历史最为悠久、应用最为广泛的一种坝型。随着大型土石方施工机械、岩土理论和计算技术的发展，由于缩短了建坝工期，放宽了筑坝材料的使用范围，土石坝成为当今世界坝工建设中发展最快的一种坝型。

（一）土石坝的特点、工作条件与类型

1. 土石坝的特点

（1）土石坝的优点

土石坝在实践中之所以能被广泛采用并得到不断发展，与其自身的优越性是密不可分的。同混凝土坝相比，它的优点主要体现在以下几方面。

①筑坝材料来源直接、方便，能就地取材，材料运输成本低，还能节省大量的钢材、水泥和木材等建筑材料。

②适应地基变形的能力强。土石坝为土料或石料填筑的散粒结构，能较好地适应地基的变形，对地基的要求在各种坝型中是最低的。

③构造简单，施工技术容易掌握，便于组织机械化施工。

④运用管理方便，工作可靠，寿命长，维修加固和扩建均较容易。

（2）土石坝的缺点

同其他的坝型类似，土石坝自身也有其不足的一面，主要体现在以下几方面：

①坝顶不能溢流。受散粒体材料整体强度的限制，土石坝坝身通常不允许过流，因此须在坝外单独设置泄水建筑物。

②施工导流不如混凝土坝方便，因而相应地增加了工程造价。

③坝体填筑工程量大，且土料填筑质量受气候条件的影响较大。

2. 土石坝的工作条件

（1）渗流影响

由于土石料颗粒间孔隙率较大，坝体挡水后，在水位差作用下，库水会经过坝身、坝基和岸坡处向下游渗漏。在渗流影响下，如果渗透坡降大于土体的允许坡降，会产生渗透变形；渗流使浸润线以下土体的有效重量降低，内摩擦角和黏聚力减小；渗透水压力对坝体稳定不利。

（2）冲刷影响

雨水自坡面流至坡脚，会对坝坡造成冲刷，还可能渗入坝身内部，降低坝体的稳定性。另外，库内波浪对坝面也将产生冲击和淘刷作用。

（3）沉陷影响

由于坝体及坝基土体的孔隙率较大，在自重和外荷载作用下，因压缩而产生坝体沉陷。如沉陷量过大会造成坝顶高程不足；过大的不均匀沉陷会导致坝体开裂或使防渗体结构遭到破坏。

（4）其他影响

除了上面提及的影响外，还有其他一些不利因素，如气候变化引起冻融和干裂，地震引起坝体失稳和液化，动物在坝身内筑造洞穴，形成集中渗流通道等。

3. 土石坝的类型

土石坝的类型很多，按坝体高度可分为高坝、中坝、低坝。其中，低坝的高度为 30 m以下，中坝的高度为 30～70 m，高坝的高度为 70 m 以上；按施工方法可分为碾压式土石坝、抛填式土石坝、水力冲填坝和定向爆破堆石坝等，其中应用最为广泛的是碾压式土石坝；按土料在坝体中的配置和防渗体所用的材料又可分为均质坝、分区坝和人工防渗材料坝等。

（1）均质坝

均质坝坝体主要由一种材料组成，同时起防渗和稳定作用，不再另设专门的防渗体。均质坝结构简单，施工方便，当坝址附近有合适的土料且坝高不大时可优先采用。

（2）分区坝

分区坝与均质坝不同，在坝体中设置专门起防渗作用的防渗体，采用透水性较大、抗剪强度较高的砂石料作为坝壳。防渗体多采用防渗性能好的黏性土，其位置设在坝体中间的称为心墙坝，或稍向上游倾斜的称为斜心墙坝；将防渗体设在坝体上游面或接近上游面称为斜墙坝。心墙坝由于心墙设在坝体中部，施工时要求心墙与坝体大体同时填筑，因而相互干扰大，影响施工进度；斜墙坝的斜墙支承在坝体上游面，施工干扰小，但斜墙的抗震性能和适应不均匀沉陷的能力不如心墙。

（3）人工防渗材料坝

人工防渗材料坝的防渗体采用混凝土、沥青混凝土、钢筋混凝土、土工膜或其他人工材料制成，其余部分用土石料填筑而成。其中防渗体在上游面的称为斜墙坝（或面板坝）；防渗体在坝体中央的称为心墙坝。

（二）土石坝的组成

土石坝的坝体剖面由坝身、防渗体、排水体、护坡四部分组成。

1. 坝身

坝身是土石坝的主体，坝坡的稳定主要靠坝身来维持，并对防渗体起到保护作用。坝身土料应采用抗剪强度较高的土料，以减少坝体的工程量；当坝身土料为壤土时，由于其渗透系数较小，可以不再另设防渗体而成为均质坝。

2. 防渗体

防渗体是土石坝的重要组成部分，其作用是防渗，必须满足降低坝体浸润线、降低渗透坡降和控制渗流量的要求，另外还须满足结构和施工上的要求。常见的防渗体型式有心墙、斜墙、斜墙+铺盖、心墙+截水墙、斜墙+截水墙等。

3. 排水体

土石坝设置坝身排水的目的主要有以下几点：①降低坝体浸润线及孔隙压力，改变渗流方向，增加坝体稳定；②防止渗流逸出处的渗透变形，保护坝坡和坝基；③防止下游波浪对坝坡的冲刷及冻胀破坏，起到保护下游坝坡的作用。常见的排水型式有棱体排水、贴坡排水、褥垫排水和综合式排水等。

第一，棱体排水（滤水坝趾）。棱体排水是在坝趾处用块石填筑堆石棱体，多用于下游有水和石料丰富的情况。这种型式排水效果好，除了能降低坝体浸润线、防止渗透变形外，还可支撑坝体、增加坝体的稳定性和保护下游坝脚免遭淘刷。在排水棱体与坝体及坝基之间须设反滤层。

第二，贴坡排水。贴坡排水又称为表层排水，是在坝体下游坝坡一定范围内设置1~2层堆石。它不能降低浸润线，但能提高坝坡的抗渗稳定性和抗冲刷能力。这种排水结构简单，便于维修。贴坡排水的厚度（包括反滤层）应大于冰冻深度，顶部应高于浸润线的逸出点和下游最高壅水位，并满足抗冻要求。贴坡排水底脚处须设置排水沟或排水体，其深度应能满足在水面结冰后，排水沟（或排水体）的下部仍具有足够的排水断面的要求。

第三，褥垫排水。这种型式的排水体伸入坝体内部，能有效地降低坝体浸润线，但对增加下游坝坡的稳定性不明显，常用于下游水位较低或无水的情况。褥垫排水伸入坝体的长度由渗透坡降确定，一般不超过坝底宽度的 1/4～1/3，褥垫厚度为 0.4～0.5m，使用较均匀的块石，四周须设置反滤层，满足排水反滤要求。

第四，综合式排水。在实际工程中，常根据具体情况将上述几种排水型式组合在一起，兼有各种单一排水型式的优点。

4. 护坡

为保护土石坝坝坡免受波浪淘刷、冰层和漂浮物的损害，降雨冲刷，防止坝体土料发生冻结、膨胀和收缩以及人畜破坏等，须设置护坡结构。土石坝护坡结构要求坚固耐久，能够抵抗各种不利因素对坝坡的破坏作用，还应尽量就地取材，方便施工和维修。上游护坡常采用堆石、干砌石或浆砌石、混凝土或钢筋混凝土、沥青混凝土等护坡型式。下游护坡要求略低，可采用草皮、干砌石、堆石等护坡型式。

土石坝护坡的范围，对于上游面应由坝顶至最低水位以下一定距离，一般取 2.5m 左右；对于下游面应自坝顶护至排水设备，无排水设备或采用褥垫式排水时则需护至坡脚。

（三）土石坝的渗流及稳定分析

1. 渗流分析

土石坝挡水后，在上下游水位差作用下，水流将通过坝体和坝基自高水位侧向低水位侧运动，在坝体和地基内产生渗流。坝体内渗透水流的自由水面称为浸润面，浸润面与坝体剖面的交线称为浸润线。

土石坝渗流分析的目的如下：①确定坝体浸润线和下游逸出点位置，绘制坝体及地基内的等势线分布图或流网图，为坝体稳定核算、应力应变分析和排水设备的选择提供依据；②计算坝体和坝基渗流量，以便估算水库的渗漏损失和确定坝体排水设备的尺寸；③确定坝坡出逸段和下游地基表面的出逸比降以及不同土层之间的渗透比降，以判断该处的渗透稳定性；④确定库水位降落时上游坝壳内自由水面的位置，估算由此产生的孔隙压力，供上游坝坡稳定分析之用。根据这些分析成果，对初步拟定的坝体断面进行修改。

2. 渗透变形

在渗透水流的物理或化学作用下，土石坝坝身及地基中的土体颗粒流失，土壤发生局部破坏的现象，称为渗透变形。渗透变形的型式及其发生、发展过程，与土料性质、土粒级配、水流条件、防渗及排水措施等因素有关，一般有管涌、流土、接触冲刷和接触流土等类型。工程中以管涌和流土最为常见。

（1）管涌

坝体或坝基中的无黏性土细颗粒被渗透水流带走并逐步形成渗流通道的现象称为管涌，多发生在坝的下游坡或闸坝下游地基表面的渗流逸出处。黏性土因颗粒之间存在凝聚力且渗透系数较小，所以一般不易发生管涌破坏，而在缺乏中间粒径的非黏性土中极易发生。

（2）流土

流土是在渗流作用下产生的土体浮动或流失现象。发生流土时土体表面发生隆起、断裂或剥落。它主要发生在黏性土及均匀非黏性土体的渗流出口处。

（3）接触冲刷

当渗流沿着两种不同土层的接触面流动时，沿层面带走细颗粒的现象称为接触冲刷。

（4）接触流土

当渗流垂直于渗透系数相差较大的两相邻土层的接触面流动时，把渗透系数较小土层中的细颗粒带入渗透系数较大的另一土层中的现象，称为接触流土。

前两种渗透变形主要出现在单一土层中，后两种渗透变形则出现在多种土层中。黏性土的渗透变形型式主要是流土。渗透变形可在小范围内发生，也可发展至大范围，导致坝体沉降、坝坡塌陷或形成集中的渗流通道等，危及坝的安全。

据统计国内土石坝，由渗透变形造成的失事约占失事总数的45%。

3. 土石坝稳定分析

土石坝的坝体边坡较缓，剖面肥大，一般不存在整体滑动问题。由于土体抗剪强度指标比较低，如果剖面尺寸不当，就会在一些不利荷载组合下，发生坝体或坝体连同部分坝基一起局部滑动的现象，造成失稳。另外，当坝基内有软弱夹层时，也可能发生塑性流动，影响坝的稳定。

进行土石坝稳定计算的目的是保证坝体在自重、各种情况下的孔隙压力和外荷载作用下，具有足够的稳定性，不致发生通过坝体或坝体连同地基的滑动破坏。

进行稳定分析时，首先应假定滑动面的形状。土石坝滑坡的型式与坝体结构、筑坝材料、地基性质以及坝的工作条件等密切相关。常见的滑动破坏型式有曲线滑动面（圆弧滑动法）、折线滑动面和复合滑动面。

当滑动面通过黏性土部位时，其形状通常为一顶部陡而底部渐缓的曲面，在稳定分析中多以圆弧代替。滑动面常发生于均质坝、厚心墙坝的上下游坝坡。其坝坡稳定分析方法多采用圆弧滑动法。规范给出的圆弧滑动法的计算公式有两种：①不考虑条块间作用力的瑞典圆弧法，计算结果偏于保守；②考虑条块间作用力的毕肖普法。计算时若假定相邻土条界面上切向力为零，即只考虑条块间的水平作用力，就是简化毕肖普法。

对于非黏性土坝坡其滑动面为折线型，如心墙坝坝坡、斜墙坝的下游坝坡以及斜墙上游保护层连同斜墙一起滑动时，常形成折线滑动面。稳定分析可采用折线滑动面法（滑楔法）进行计算。

复合滑动面则产生于厚心墙或由黏土及非黏性土构成的多种土质坝之中。特别是当坝基内有软弱夹层时，因其抗剪强度低，滑动面不再往下深切，而是沿该夹层形成曲、直面组合的复合滑动面。其稳定分析可采用复合滑动面。

4. 土石坝的沉降

土体由土粒、空气、水三部分组成。在上部荷载作用下，坝基及坝体土孔隙中的水逐渐排出，孔隙缩小，土体被压实，这个过程称为固结。饱和土体的固结过程则是土体中孔隙水逐渐排出的过程。孔隙水排出快慢与土体的渗透性能有关，黏性土渗透系数小、排水慢，固结需要的时间较长，而砂性土则快于黏性土。

排水或固结均会使坝体和坝基产生沉降，沉降量的大小决定于土体的密实程度、土层厚度、土体的渗透性能和上部荷载的大小，坝基土层越厚、修建的坝体越高，其沉降量就越大；土体渗透越小，土体固结和沉降持续的时间越长。坝基若是砂性土壤，大部分的沉降将在施工期间完成，对工程影响不大；如果坝基中有较厚的可压缩土层（黏土、黏壤土、淤泥），而且透水性又很小，则大部分沉降将发生在竣工之后。较大的不均匀沉降会使坝体产生裂缝，甚至危及大坝的安全。因此，设计时应进行定量分析；施工时要预留坝高，防止坝顶高程不足而发生洪水漫顶。

（四）土石坝地基处理

土石坝由散粒材料填筑而成，对地基变形的适应性比混凝土坝好。进行地基处理主要是为了满足渗流控制（包括渗透稳定和控制渗流量）、坝坡稳定以及容许沉降量等方面的要求，以保证坝的安全运行。

土石坝既可建在岩基上，也可建在土基上。总的来说，土石坝进行地基处理在强度和变形方面的要求要比混凝土坝低，而在防渗方面则与混凝土坝基本相同。下面以几种典型地基为例介绍土石坝地基处理的基本方法。

1. 砂卵石地基的处理

土石坝修建在砂卵石地基上时，地基的承载力通常是足够的，而且地基因压缩产生的沉降量一般也不大。总的说来，对砂卵石地基的处理主要是解决防渗问题，通过采取"上堵""下排"相结合或防渗与排水相结合的措施，达到控制地基渗流的目的。

土石坝渗流控制的基本方式有垂直防渗、水平防渗和排水减压等。前两者体现了"上堵"的基本原则,后者则体现了"下排"的基本原则。垂直防渗常采取黏性土截水槽、混凝土防渗墙、水泥黏土灌浆帷幕、高压喷射灌浆等基本型式,水平防渗常用防渗铺盖。

坝基垂直防渗设施宜设在坝体防渗体底部位置,对均质坝来说,则可设于距上游坝脚 $1/3\sim1/2$ 坝底宽度处。垂直防渗设施能可靠而有效地截断坝基渗透水流,解决坝基防渗问题,在技术条件可能而又经济合理时,应优先采用。

如果在透水地基表层存在黏性土层,由于渗流出口排水不畅,使渗透压力增加,有可能引起坝基发生渗透破坏,影响坝体的稳定。可在下游坝基设置排水减压设施。坝基排水设施有水平排水层、反滤排水沟、排水减压井和透水盖重等型式。

2. 软黏土地基的处理

地基中的软黏土及淤泥层,由于天然含水量高、土体渗透系数小、承载后难以固结,因此抗剪强度低、承载力小,影响坝基的稳定。如果其分布范围不大、埋藏较浅,宜全部挖除;如淤泥层较薄,能在短时间内固结,也可不必清除;当厚度较大和分布较广,难以挖除时,必须采取措施予以处理。具体处理措施包括:①进行预压排水以提高强度和承载力;②通过铺垫透水材料(如土工织物)和设置砂井、插塑料排水带等加速土体排水固结,使大部分沉降在施工期发生;③调整施工速度,结合坝脚压重,使荷载的增长与地基土强度的增长相适应,以保证地基的稳定。

3. 其他地基的处理

对于湿陷性黄土地基,其主要问题是遇水湿陷、沉陷量较大,可能引起坝体的失稳和开裂。处理方法是:可全部或部分挖除、翻压、强夯等,以消除其湿陷性;经过论证也可采用预先浸水的方法处理。

对于饱和的疏松砂土及无黏性土,在地震等动力荷载的作用下,土壤颗粒有振密的趋势,但此时土体孔隙全部被水充满,从而引起孔隙水压力增加;由于土体的渗透系数小,孔隙水不能及时排出,上升的孔隙水压力来不及消散,因而使土的有效压力减小,抗剪强度降低;随着孔隙水压力不断上升,最终使土体的有效应力为零,孔隙水出现流动状态,达到完全液化。

(五)混凝土面板堆石坝

混凝土面板堆石坝以堆石体为支承结构,采用混凝土面板作为坝的防渗体,并将其设置在堆石体上游面。

混凝土面板堆石坝的优点是:坝坡较陡,可比混凝土斜墙堆石坝节省较多的工程量;

防渗面板与堆石体施工没有干扰，混凝土面板可用滑动模板浇筑，大大提高了施工速度；不受雨季影响。同时，由于坝坡陡，坝底宽度小，可缩短坝内埋管的长度。在面板浇筑前对堆石坝坡进行适当保护后，可宣泄部分施工期的洪水。因此，造价省、工期短是混凝土面板堆石坝的突出优点，近年来混凝土面板堆石坝得到了快速发展。

面板堆石坝剖面由混凝土面板与趾板，垫层，过渡层及主、次堆石区等组成。主堆石区是面板坝的主体，是承受水压力的主要部分。它将面板所受到的水压力传递到地基。该区石料既要具有足够的强度和较小的压缩量，还要有一定的透水性和耐久性。次堆石区承受水荷载较小，其压缩性对面板变形影响较小。该区在坝体底部下游水位以下部分，应采用能自由排水、抗风化能力较强的石料填筑；水位以上部分，可以采用较低的压实标准，或质量较差的石料，如各种软岩料、风化石料等。

混凝土面板是坝体的重要防渗设施，支承在压实的碎石垫层上，并将水压力传递给堆石坝体。趾板的作用主要是将坝身防渗体与地基防渗结构紧密结合起来，提供地基灌浆的压重，同时也可作为面板底部的支撑和面板滑模施工的起始点。

垫层直接位于面板之下，其主要作用是支撑面板，将作用于面板上的库水压力较均匀地传给堆石体，同时又缓和其下游堆石体变形对面板的影响，以改善面板内部的应力状态。过渡层介于垫层和主堆石区之间，起过渡作用，材料的粒径、级配和密实度要介于两者之间。由于垫层很薄，过渡层实际上与垫层共同担负面板传力作用。此外，当面板开裂或止水失效而漏水时，过渡层还具有防止垫层内细颗粒流失的反滤作用，并保持自身的抗渗稳定性。

由于面板堆石坝的防渗面板设于坝体上游面，其后堆石体透水性大，因而堆石体内浸润线很低，不存在水的渗透压力和孔隙水压力等问题。

混凝土面板堆石坝的稳定分析通常可采用折线法，可通过试算求出最危险滑动面及最小安全系数，计算方法同土石坝。计算所得坝坡抗滑稳定安全系数需满足规范要求。

对于高坝或地形地质条件复杂的坝，可采用有限元分析方法，对混凝土面板及坝体进行应力和变形分析；而对于低坝，可用经验方法估算其变形。

第三节　溢洪道与水闸

一、岸边溢洪道

（一）岸边溢洪道的形式

岸边溢洪道按其结构型式分为正槽溢洪道、侧槽溢洪道、井式溢洪道和虹吸式溢洪道等。

1. 正槽溢洪道

这种溢洪道的溢流堰轴线与泄槽轴线接近正交，过堰水流流向，与泄槽轴线方向一致。它结构简单，施工方便，工作可靠，泄水能力大，故在工程中应用广泛。正槽溢洪道通常由引水渠、控制段、泄槽、出口消能段和尾水渠等部分组成。

（1）引水渠

引水渠的作用是将水库的水平顺地引至溢流堰前。其设计原则是：在合理开挖方量的前提下，尽量减少水头损失，以增加溢洪道的泄水能力。

（2）控制段

溢洪道的控制段包括溢流堰（闸）和两侧连接建筑物，是控制溢洪道泄流能力的关键部位。溢流堰通常选用宽顶堰、实用堰，有时也用驼峰堰、折线形堰。溢流堰体形设计的要求是尽量增大流量系数，在泄流时不产生空蚀或诱发危险振动的负压等。

（3）泄槽

洪水经溢流堰后，多用泄水槽与消能防冲设施连接。由于落差大，纵坡陡，槽内水流速度往往超过 16m/s，以致形成高速水流。高速水流有可能产生掺气、空蚀、冲击波和脉动等不利影响，因此设计时必须考虑上述问题，并在布置和构造上采取相应的措施。

（4）出口消能段和尾水渠

溢洪道出口的消能方式与溢流重力坝基本相同。在较好的岩基上，一般多采用挑流消能；在土基或破碎软弱的岩基上，一般采用底流消能。

尾水渠将经过消能后的水流，比较平顺地泄入原河道。尾水渠应尽量利用天然冲沟或河沟，如无此条件时，则须人工开挖明渠。当溢洪道的消能设施与下游河道距离很近时，也可不设尾水渠。

2. 侧槽溢洪道

这种溢洪道的溢流堰大致沿河岸等高线布置，水流经过溢流堰泄入与堰大致平行的侧槽后，在槽内约转弯90°，经泄槽或泄水隧洞流入下游。侧槽溢洪道一般由溢流堰、侧槽、泄水道和出口消能段等部分组成。当坝址处山头较高、岸坡陡峭时，可选用侧槽溢洪道。此种布置形式可以加大堰顶长度，减小溢流水深和单宽流量，而无须大量开挖山坡。但这种布置形式对岸坡的稳定要求较高，特别是位于坝头的侧槽，直接关系到大坝安全，对地基要求也更严格。侧槽内的水流比较紊乱，要求侧壁有较坚固的衬砌。

3. 井式溢洪道

这种溢道在平面上进水口为一环形的溢流堰。水流过堰后，经竖井和泄水隧洞流入下游。井式溢洪道通常由溢流喇叭口、渐变段、竖井、弯段和泄水隧洞等部分组成。井式溢洪道适用于岸坡陡峭、地质条件良好的情况。如能利用一段导流隧洞，采用此种形式比较有利。它的缺点是水流条件复杂，超泄能力小，泄小流域时易产生振动和空蚀。

4. 虹吸式溢洪道

虹吸式溢洪道是利用大气压强所产生的虹吸作用，使溢洪道在较小的堰顶水头下可以得到较大的泄流量。水流出虹吸管后，经泄槽流入下游。它的优点是不用闸门就能自动地调节上游水位；缺点是构造复杂，泄水断面不能过大，水头较大时，超泄能力不大，工作可靠性差。虹吸式溢洪道多用于水位变化不大而须随时调节的水库（如日调节水库）以及水电站的压力前池和灌溉渠道。

（二）非常泄洪设施

泄水建筑物选用的洪水设计标准，应当根据有关规范确定，当校核洪水与设计洪水的泄流量相差较大时，应当考虑设置非常泄洪设施。目前常用的非常泄洪设施有非常溢洪道和破副坝。

1. 非常溢洪道

非常溢洪道用于宣泄超过设计情况的洪水，其启用条件应根据工程等级、枢纽布置、坝型、洪水特性及标准、库容特性及其对下游的影响等因素确定。非常溢洪道的溢流堰顶高程要比正常溢洪道稍高，一般不设闸门。非常溢洪道按溃决方式可分为漫顶自溃式非常溢洪道和引冲自溃式非常溢洪道。自溃式非常溢洪道因其结构简单、造价低和施工方便而常被采用，如大伙房、鸭河口和南山等水库的非常溢洪道就是采用的这种型式。

（1）漫顶自溃式非常溢洪道

这种溢洪道将堰顶建在准备开始溢流的水位附近，且听任其自由溢流。这种溢洪道的溢流水深一般取得较小，因而溢流堰较长，多设于垭口或地势平坦之处，以减少土石方开挖量。漫顶自溃式的优点是构造简单、管理方便，缺点是泄流缺口的位置和规模有偶然性，无法进行人工控制，可能造成溃坝的提前或延迟，一般只适用于自溃坝高度较低、分担泄洪比重不大的情况。

（2）引冲自溃式非常溢洪道

引冲自溃式非常溢洪道的特点是在自溃坝的适当位置设置引冲槽，当库水位达到启溃水位后，水流即漫过引冲槽，冲刷下游坝坡形成口门，逐渐向两侧发展，使之在较短时间内溃决。其优点是在溃决过程中，泄量是逐渐增加的，对下游防护有利，在工程中应用较广泛。

2. 破副坝

当水库没有开挖非常溢洪道的适宜条件，而有适于破开的副坝时，可考虑破副坝的应急措施，其启用条件与非常溢洪道相同。

破副坝泄洪使副坝坝体形成一定尺寸的爆破缺口，起引冲槽作用，并将爆破缺口范围以外的土体炸松、炸裂，然后通过坝体引冲槽作用使其溃决，从而达到溢洪的目的。破副坝泄洪得到我国一些大中型水库的重视和利用。这是因为爆破准备工作可在安全条件下从容进行，一旦出现异常情况，可迅速破坝，坝体溃决有可靠保证。

二、水闸

（一）概述

1. 水闸的功能与分类

水闸是一种利用闸门挡水和泄水的低水头水工建筑物，既能挡水，抬高水位，又能泄水，用以调节水位，控制泄水流量。水闸多修建于河道、渠系及水库、湖泊岸边，在水利工程中的应用十分广泛。

从水闸的概念知道：闸门关闭，挡水、挡潮，抬高水位，满足上游引水和航运，以兴水利；闸门开启，可以泄洪、排涝、冲沙，根据下游用水需要，控制泄流量，调节水位。概括起来，水闸具有挡水和泄水的双重作用。

水闸是应用最广泛的水工建筑物。中华人民共和国成立以来，我国修建了成千上万座水闸。

水闸按其所承担的任务，可分为以下几种。

（1）节制闸

节制闸在河道上或在渠道上建造，枯水期用以抬高水位以满足上游引水或航运的需要；洪水期控制下泄流量，保证下游河道安全。位于河道上的节制闸也称拦河闸。

（2）进水闸

进水闸建在河道、水库或湖泊的岸边，用来控制引水流量，以满足灌溉、发电或供水的需要。进水闸又称取水闸或渠首闸。南水北调中线工程从河南省淅川县陶岔渠首开始，将丹江口水库南水引出，一路向北奔腾 1432 km，向河南、河北、天津、北京调水，最终汇入北京团城湖和天津外环河，滋润着干涸的北方大地，优化了我国北方水资源配置。

（3）分洪闸

分洪闸常建于河道的一侧，用来将超过下游河道安全泄量的洪水泄入分洪区（蓄洪区或滞洪区）或分洪道。如汉江干堤修建的杜家台 30 孔分洪闸，有"亚洲第一分洪闸"之称的黄河下游渠村 56 孔分洪闸。

（4）排水闸

排水闸常建于江河沿岸，用来排除河道两岸低洼地区对农作物有害的渍水。当河道内水位上涨时，为防止河水倒灌，需要关闭闸门；当洼地有蓄水、灌溉要求时，可以关门蓄水或从江河引水，所以这种水闸具有双向挡水，有时还有双向过流的特点。

（5）挡潮闸

挡潮闸建在入海河口附近，涨潮时关闸，防止海水倒灌；退潮时开闸泄水，具有双向挡水的特点。

（6）冲沙闸（排沙闸）

冲沙闸建在多泥沙河流上，用于排除进水闸、节制闸前或渠系中沉积的泥沙，减少引水水流的含沙量，防止渠道和闸前河道淤积。冲沙闸常建在进水闸一侧的河道上，与节制闸并排布置或设在水渠内的进水闸旁。

水闸按闸室的结构型式可分为开敞式、胸墙式和涵洞式等。

水闸按过闸流量的大小又可分为大、中、小型水闸。

2. 水闸的组成部分

水闸一般由闸室、上游连接段和下游连接段三部分组成。

（1）闸室

闸室是水闸的主体，起着控制水流和连接两岸的作用。闸室包括闸门、闸墩、底板、工作桥、交通桥等部分。底板是闸室的基础，闸室的稳定主要由底板与地基间的摩擦力来维持。底板同时还起着防冲防渗的作用。闸门则用于控制水流。闸墩用以分隔闸孔和支承闸门、胸墙、工作桥、交通桥。工作桥用以安装启闭机械。交通桥用以沟通河、渠两岸的交通。

（2）上游连接段

上游连接段处于水流行近区，其主要作用是引导水流平稳地进入闸室，保护上游河床及两岸免于冲刷，并有防渗作用。上游连接段一般包括上游防冲槽、铺盖、上游翼墙及两岸护坡等。

（3）下游连接段

下游连接段的主要作用是消能、防冲和安全排出经闸基及两岸的渗流，通常包括护坦、海漫、下游防冲槽、下游翼墙及两岸护坡等。

3. 水闸的工作特点

水闸可以修建在岩基上，也可建在软土地基上，但大多修建在河流或渠道的软土地基上。建在软土地基上的水闸具有以下一些工作特点：

①软土地基的压缩性大，承载能力低，在闸室自重和外荷载作用下，地基易产生较大的沉降或沉降差，造成闸室倾斜、闸底板断裂，甚至发生塑性破坏，引起水闸失事。

②水闸泄流时，水流具有较大的能量，而土壤的抗冲能力较低，可能引起水闸下游的冲刷。

③在上下游水头差作用下，将在闸基及两岸连接部分产生渗流。渗流对闸室及两岸连接建筑物的稳定和侧向稳定不利，而且还可能产生有害的渗透变形。

（二）水闸的消能与防冲

水闸的水头低，下游水深大，下泄水流没有足够的能量将水流挑射到一定远的距离；又因水闸下游水位变化大，一般也难以产生面流式水跃。因此，水闸一般只能采用底流式水跃消能。其工程措施通常采用挖深的办法形成消力池。

由于土基抗冲能力低，消力池后面常须做很长的防冲海漫，水闸上游常须护底，两岸须做护坡。

（三）闸室的稳定、沉降和地基处理

水闸所受荷载与岩基上重力坝基本相同，只是计算工况有所不同。与岩基上重力坝一样，水闸在各种工况下应满足稳定和强度要求，且应经济合理。但由于土基具有抗剪强度和承载能力低、压缩性大、容易产生渗透变形等特点，所以除验算闸室等部分的抗滑稳定外，还应验算地基稳定、渗透稳定和控制不均匀沉降。

由于土基压缩变形大，容易引起较大的沉降，而过大的沉降差，将引起闸室倾斜、裂缝、止水破坏，甚至使建筑物顶部高程不足，影响建筑物的正常运行。所以，在研究地基稳定的同时，还应考虑地基的沉降。通过计算和分析，可以了解地基的变形情况，以便选用合理的水闸结构型式，确定适宜的施工程序和施工进度，或进行适当的地基处理。

由于砂性土地基压缩性小、渗透性强、压缩过程短，建筑物完工时地基沉降已基本稳定，故一般不考虑其沉降过程。由于黏性土地基在施工过程中所完成的沉降量，一般仅为稳定沉降量的 50%～60%，故须考虑地基的沉降过程。

当天然地基不满足地基稳定或控制沉降的要求时，可进行适当开挖或采取合理的上层结构以适应地基情况。如仍不符合要求，则应对地基进行处理。为控制沉降差，一般可采用下列措施：减少相邻建筑物的重量差；重量大的先施工，使地基先行预压；尽量使地基反力分布趋于均匀；等等。

第三章 水利工程建设施工要点

第一节 施工前期要求和准备

一、施工准备阶段

（一）建设项目组织机构设置

建设项目组织机构包括三方，即业主方、施工方、监理方。建设过程中，参与三方虽然责任与分工不同，但是有一个共同的目标，即以最优化的投资、质量、工期为目标，完成工程项目的建设。因此，建立一套高效精干的施工组织机构，在项目建设过程中让各方做到分工合作、积极主动、互谅互让、团结协作，将是保证工程建设质量的一个重要因素。

根据国家有关规定，建设单位应建立建设项目管理机构，实行项目法人责任制。监理方根据建设工程特点，组建项目管理单位，让其负责整个工程的建设及建成投产生产经营。业主方管理机构在整个工程建设过程中主要负责以下方面的工作。

建设项目立项决策阶段的管理。

建设项目的资金筹措及管理。

建设项目的设计管理。

建设项目的招标与合同管理。

建设项目的监理业务管理。

建设项目的施工管理。

建设项目的竣工验收及试运行阶段的管理。

建设项目的文档管理。

建设项目的财务及税收管理。

其他管理，如组织、信息、统计等。

（二）环水保管理计划与监测计划

1. 环水保管理计划

（1）环水保管理体系

①水电站工程环境管理分为外部管理和内部管理两部分。

外部管理由环水保（环境保护、水土保持）行政主管部门实施，以国家相关法律法规为依据，确定建设项目环水保工作达到的相应标准与要求，并负责工程各阶段环水保工作的不定期监督、检查、环水保竣工验收，以及年度环水保监控报告的审查。

②内部管理工作分施工期和运行期。

第一，施工期由建设单位负责，对工程施工期环水保措施进行优化、组织和实施，保证达到国家和地方对建设项目环水保保护的要求。施工期内环水保管理体系由建设单位和施工单位分级管理，分别成立专职环水保管理机构。

第二，运行期由建设单位负责组织实施，对工程运行期的环水保规划、保护措施进行优化、组织和实施。

（2）环水保管理机构的设置及其职责

根据规定，新建、扩建企业必须设置环水保管理机构，负责组织、落实和监督本企业的环水保工作。环水保管理机构的主要职责如下。

①贯彻执行环水保法规和标准。

②组织制定和修改本单位的环水保管理规章制度并监督执行。

③制订并组织实施环水保规划和计划。

④领导和组织本单位的环境监测。

⑤检查本单位环水保设施的运行。

⑥推广、应用环水保先进技术和经验。

⑦组织开展本单位的环水保专业技术培训，提高人员素质水平。

⑧组织开展本单位的环水保研究和技术交流。

（3）施工期管理机构设置及职能

①建设单位。

工程开工前建设单位应设置"环水保管理部门"，根据批复的水土保持方案、环境影响报告书及其批复意见和工程环水保设计文件，制定工程环水保目标、项目目标和指标、环水保项目实施方案和管理等工作。

工程施工期"环水保管理部门"设专职人员1人，具体负责和落实工程建设过程中环水保管理工作，其主要职责包括。

第一，宣传、贯彻、执行国家和地方有关环水保的政策、法律法规，熟悉相关技术标准，确定工程建设期环水保方针和环水保护目标，制定施工期环水保管理办法。

第二，负责落实环水保经费，检查并督促接受委托的环水保监测部门监测工作的正常实施。

第三，做好工程环水保管理的内部审查，加强环境信息统计，建立环水保资料数据库。

第四，协调处理各有关部门的环水保工作，指导、检查、督促各施工承包单位环水保设施的设立和正常运行，以及对施工期环水保方针、措施的实施和环水保设施的运行进行检查等。

②施工单位。

各施工承包单位在进场后均应设置"环水保部门"，设兼职人员1人，实施环水保措施，接受有关部门对环水保工作的监督和管理。

（4）环水保管理制度

①管理制度。

建立环水保护责任制，建设单位在施工招标文件、承包合同中，明确污染防治设施与措施条款，由各施工承包单位负责组织实施，环水保监理部门负责定期检查，对检查中所发现的问题进行记录，并督促施工单位整改。

②监测和报告制度。

环水保监测是环水保管理部门获取施工区环境质量信息的重要手段，是其进行环水保管理的主要依据。从节约经费开支和保证成果质量的角度出发，该监测工作一般采用合同管理的方式，施工单位委托当地具备相应监测资质的单位，对工程施工区及周围的环水保质量按环水保监控计划要求进行定期监测，并对监测成果实行季报、年报和定期编制环水保质量报告书以及年审的制度；同时，根据环水保质量监测成果，对环水保措施进行相应调整，以确保环水保质量符合国家和地方环水保部门所确定的标准要求和省、地、市确定的功能区划要求。

③"三同时"制度。

根据《建设项目环境保护管理办法》中的"三同时"制度，工程建设过程中的污染防治工程必须与建设项目"同时设计、同时施工、同时投入运行"。有关"三同时"项目的相关设施必须按相关规定经有关部门验收合格后才能正式投入运行。建设项目防治污染的设施运行情况要自觉接受当地环境保护部门的监督和管理，不得擅自拆除或闲置。

④制定对突发事故的预防和处理措施。

工程施工期间，建设单位和施工单位应制订对突发事故的预防方案，如果发生污染事故及其他突发性环境事件，除应立即采取补救措施外，施工单位还要及时通报可能受到影响的地区和居民，并报工程建设单位环水保监理部门与地方环水保行政主管部门，接受调查处理。同时，施工单位要协助调查事故原因、责任单位和责任人，根据行政机关的处理决定对有关责任人给予行政或经济处罚，触犯国家有关法律者，由当地行政部门移交司法机关处理。

⑤环水保培训计划。

为增强工程建设者（包括管理人员和施工人员）的环水保意识，环水保管理部门应经常采取标语、宣传栏、专题讲座等方法对工程建设者进行环水保宣传，提高其环水保意识，使每个工程建设者都能自觉地参与环水保工作，让环水保从单纯的行政干预和法律约束变成人们的自觉行为。

对环水保专业技术人员应定期邀请环水保专家进行讲学、培训，同时组织考察学习，以提高其业务水平。

⑥环水保监理计划。

第一，水电站工程施工期较长，涉及的环境影响因素较多，施工方根据环水保相关要求，应实施环水保监理制度，以便对施工期各项环水保措施的实施进度、质量及实施效果等进行监督控制，及时处理和解决可能出现的环境污染和生态破坏事件。

第二，环水保监理不仅是环水保管理的重要组成部分，也是工程监理的重要组成部分，并且具有相对的独立性。因此，施工期建设单位应按要求委托环水保监理单位对施工期的环水保工作进行监理。

第三，建设单位根据委托监理合同要求环水保监理单位，根据水电站工程的规模和施工总体规划，按批复的环水保及设计文件要求对施工区水土保持及环境保护工作进行动态管理，并随时检查各项环水保监测数据。对施工单位违规作业时，环水保管理部门可立即要求承包商限期整改和处理，并以公文函件形式进行要求。对于项目涉及环水保工程设计变更问题时，业主方应视其变更的规模、性质和地址与建设单位、设计单位和施工单位共同研究确定，报原行政审批部门。

2. 环水保监测计划

环水保监测是环水保管理的基础，是进行污染防治、水土流失防治的重要依据。环水保监测包括水土流失监测、环保监测和移民安置监测等。环水保监测可采用合同形式委托具有相应资质的监测单位进行，并要求监测单位依据水土保持方案、环境影响评价报告书及相关批复要求的内容编制环水保监测方案呈报建设单位。监测单位按照合同要求定期提交监测报告。

二、环水保管理基本要求

（一）环水保管理部门的功能

环水保管理部门应利用其自身的环水保专业技术和管理能力，组织环水保监理单位对与水土保持、环境保护相关的工程的设计文件与水土保持方案、环境影响评价文件、环水保设计文件的相符性进行全面核实；督查项目施工过程中各项环水保措施的落实情况；组织项目建设期的环境保护宣传和培训工作；指导承包商落实各项环水保保护措施；对环水保措施变更和涉及环水保工程变更的，要求设计单位进行设计变更，并到相关部门进行备案。

环水保管理部门应配合各级行政主管部门的环水保监督检查工作，建立各参建单位之间的沟通、协调、会商机制，发挥桥梁和纽带作用。

环水保管理部门行使职能应贯穿于电工程建设的全过程，主要时间节点包括"三通一平"工程环水保验收、蓄水阶段环水保验收和竣工环水保验收。

（二）环水保管理部门现场工作

环水保监理单位进场后，环水保管理部门应组织设计、施工、工程监理、环水保监理召开环水保第一次工地会议。

对承包商的环水保机构设置、人员组成和制度建设等进行检查。

应开展环水保宣传，组织落实环水保培训与教育。

应做好日常工作的相应记录和物证保存工作。

应对环水保措施变更和涉及环水保的工程变更进行跟踪监督。

应配合水电行业和环水保主管部门的检查，并建立面向主管部门的汇报机制。若发生重大环水保问题时，应及时配合处理。

应组织环水保监理单位参加相关合同项目的完工验收，并签署环水保验收意见。

组织"三通一平"工程环水保验收、蓄水阶段环水保验收和竣工环水保验收，并编制环境保护工作报告、水土保持实施工作报告。

（三）环水保管理部门进度控制目标

应按照环水保"三同时"原则进行进度监督。

环水保设计文件是环水保措施实施进度监督的主要依据。

进度监督的措施主要环节应包括环水保的招标、设计交底、措施落实关键节点和验收。

应根据环水保"三同时"原则和环水保设计文件，制订环水保措施实施总体进度计划。

应督促承包商依据环水保措施实施总体进度计划编制相关施工进度计划。

对环水保措施实施进度监督的主要方法应包括如下几个。

第一，通过现场巡查，监督检查措施实施进展总体情况。

第二，核查环水保监理、工程监理和移民综合监理审批的承包商和移民安置实施单位填报的进度报表与相关施工进度计划的符合性。

第三，审核环水保监理巡查报告和核查的结果。

第四，审核承包商施工进度计划。

第五，当环水保措施实际进度滞后时，应组织施工单位、工程监理单位、环水保监理单位召开专题会议。

（四）环水保管理部门质量控制目标

应依据相关法律法规、水土保持方案、环境影响评价文件、环水保设计文件和环水保监测报告，对环水保保护措施实施和效果进行质量监督。

组织参与合同文件、施工组织设计文件中环水保相关技术条款的审查。

督促承包商落实环水保措施和环水保设施的运行管理，发现质量问题时应提出处置意见。

组织环水保监理单位应参加合同项目验收，并在了解工程监理单位对工程质量评定的基础上，通过核查报告或报表，现场检查、检测等方式进行质量监督，并签署环水保验收意见。

（五）环水保管理部门造价控制目标

应依据环水保措施实施总体进度计划编制环水保措施的投资计划，并要求做到专款专用。

应及时向公司领导汇报。

（六）环水保管理部门变更控制

对环水保设计变更进行管理，并对相关内容和要求提出处理意见和建议。

对合同文件、施工组织设计文件及建设过程中出现的环水保措施性质、规模、工艺、建设地点等发生重大变动的情况进行复核，并提出处理意见和建议，按照相关管理规定完善相应手续。

应依据审定的设计变更成果，调整相应的工作内容，监督检查实施情况。

（七）环水保管理部门信息管理

环水保管理部门须收集的信息应主要包括水土保持、环境保护法律法规、环境影响评价文件、环水保设计文件、环水保管理体系文件、工程合同文件、环水保措施的建设和运行资料、环水保监测资料、工程建设相关资料、行政监督相关材料、环水保监理往来文函、环水保监理报告、工作记录、影像资料、环水保验收资料和公众关注的信息。

制定环水保信息管理制度，配置管理人员。

制定包括文档资料收集、分类、整编、归档、传阅、查阅、复制、移交、保密等方面的信息资料管理制度。

制定包括文件资料签收、传阅与归档及文件起草、校核、签发、传递等在内的文档资料管理程序。

建立环水保信息统计制度，对环水保措施工程量及造价、环水保监测资料等进行收集、整理、统计和分析。

（八）环水保管理部门合同管理

熟悉工程施工合同中环水保相关内容，督促承包商严格按照合同要求开展环水保工作。

处理承包商的环水保违约行为。

（九）环水保管理部门工作协调

建立与环水保监理单位、设计单位、工程监理单位、移民综合监理单位、承包商以及环水保行政主管部门之间的沟通、协调机制，并就相关管理规定要求、施工现场存在的环水保问题处理以及需要各方配合完成的工作等及时开展沟通和协商。

工作协调应采用会议协调和日常协调的方式。会议协调主要包括召开环水保例会和专题会议，日常协调主要包括电话沟通、函件往来。

（十）环水保专项资金管理

环水保投资管理是为了确保在工程建设过程中环水保费用能专款专用，从而为各项环水保措施（项目）的实施提供资金保证。

建设单位应对照环境影响报告书和水土保持方案报告书中所列的环水保措施（项目）实施进度，按年度列出本年度要实施的环水保措施（项目），并将实施上述环水保措施（项目）所需的费用列入工程年度资金计划中。

环水保措施承包单位应根据合同规定编制措施（项目）实施费用计划报监理单位审批，措施（项目）实施后，经监理单位检查验收后予以支付。

承包人应在批准开工后的第一个季度内编制季度及年度环境保护与水土保持措施（项目）实施计划与资金使用计划，报送监理单位审批。

监理单位应认真履行对承包人编报的环境保护与水土保持措施（项目）季度及年度实施计划和资金使用计划的审批职责，对其环境保护与水土保持措施（项目）的施工质量、进度、造价进行监督和管理。

监理单位发现承包单位未按要求或未按期落实措施计划的，有权责令其立即整改；对承包人拒不整改或未按期限完成整改的，有权责令承包单位停工或扣结工程款，要求支付违约赔偿或另安排其他单位代为实施等措施，指定其他单位代为实施所发生的费用由违约承包单位承担。

建设单位应要求承包单位、监理单位建立环境保护、水土保持措施费用使用台账，监理单位应将每月更新后的台账（电子版）上报建设单位环水保主管部门备案。

第二节　施工期环境保护管理要点

一、环境保护技术要求

建设单位应组织环保监理单位检查环保措施实施情况与环境影响评价文件、环境保护设计文件的符合性，并检查环境保护措施效果。

建设单位应在环境保护工程开工、关键设备安装、投入运行等关键时间节点进行跟踪检查，并留存建设前和建设过程的影像资料。

建设单位应对下泄生态流量措施、分层取水措施、废（污）水处理措施、水生生物栖息地保护和人工修复措施、过鱼设施、鱼类增殖放流设施、就地保护和迁地保护措施、生态保护和修复措施、粉尘防治、废气防治、噪声防治等重要环境保护工程的建设过程、环境保护设施的满负荷运行以及环境敏感期加强管理。

建设单位应检查重要环境保护工程的投资完成情况，如存在因投资完成滞后对工程质量、进度造成影响的情况，应及时向相关领导报告并提出意见。

二、水环境保护控制要求

水环境保护措施的检查应包括下泄生态流量措施、分层取水措施、施工区废（污）水处理措施、生活营地污水处理措施和移民安置区废（污）水处理措施等的监督检查。

第一，下泄生态流量措施的控制要求应按下列规定执行。

A. 采用资料对比和现场核查的方法，核查下泄生态流量措施与环境影响评价文件、环境保护设计文件的符合性及程序的合规性。重点是措施类型、设施规格、下泄方式、下泄流量及相应的调度方案和保障措施。

B. 要求监理采用巡查和旁站的方法，检查下泄生态流量措施是否按照设计文件中施工进度计划的要求按时开工、实施下泄生态流量措施，并检查其是否与水库下闸蓄水、电站试运行同时投产和同步运行。

C. 通过检查专业人员配备、职责分工、管理制度、运行记录或生态流量在线监测记录等，分析下泄生态流量措施的运行维护管理制度是否完善。

D. 采用巡查和旁站的方法，检查初期蓄水对下游河道不利影响的减缓措施的实施类型、实施时段和实施效果。

E. 采用巡查、资料核查等方法检查下泄生态流量措施的运行情况，在下泄生态流量措施启用时应进行旁站，并在鱼类繁殖期加强巡查。

第二，分层取水措施的控制要求应按下列规定执行。

A. 采用资料对比和现场核查的方法，核查分层取水措施与环境影响评价文件、环境保护设计文件的符合性及程序的合规性。重点是措施的形式、布局、规模、结构及相应的运行调度和保障措施。

B. 采用巡查和现场跟踪检查的方法，检查分层取水措施是否按照设计文件中施工进度计划要求按时开工，并检查其实施进度是否与水库下闸蓄水、电站试运行等关键节点同时投产和同步运行。

C. 通过检查专业人员配备、职责分工和管理制度等，分析分层取水措施的运行维护管理制度是否完善。

D. 检查分层取水措施的运行调度方案及其审查文件。

E. 通过收集分层取水措施的运行记录、水温观测记录等资料，以巡查等方式，掌握和分析分层取水措施的运行情况。

第三，施工区、移民安置区废（污）水处理设施的控制要求应按下列规定执行。

A. 施工区废（污）水处理应重点关注砂石加工系统、修配系统和混凝土拌和系统等的废（污）水处理措施。移民安置区废（污）水处理应重点关注迁建企业生产废水处理措施、移民安置点生活污水处理措施和迁建城集镇生活污水处理措施。

B. 采用资料对比和现场核查的方法，核查废（污）水处理设施与环境影响评价文件、环境保护设计文件的符合性及程序的合规性。核查重点是废（污）水处理设施的地点、布局、工艺、规模及保障措施。

C. 采用巡查和现场跟踪的方法，检查各类生产废水处理设施是否与产废设施同时投产和同步运行，检查生活污水处理设施是否与施工区生活营地、电厂生活区、移民安置点和迁建城集镇同时投产和同步运行。

D. 通过检查专业人员配备、职责分工和管理制度等，分析废（污）水处理措施的运行、维护管理制度是否完善。

E. 通过检查处理工艺、清理频次、处理量以及污泥、浮油处理后的去向等，掌握和分析调节池、沉淀池、消化池等设备中污泥和隔油池中浮油的清理、处置情况。

F. 检查废（污）水的产生量和处理量、处理后的排放去向。针对出水外排或回用方式的不同要求，通过检测或分析监测成果，核查出水水质是否达到相应的排放或回用标准。

G. 通过收集材料消耗台账、设备运行记录、进出水水量和水质检测等资料，辅以现场跟踪、巡查等方式，分析、检查废（污）水处理主要设施、设备的运行维护情况。

H. 针对因施工引发的水环境污染投诉，建设单位应配合环境保护主管部门开展调查或监测，督促参建单位按照相关要求完善防治措施。

三、水生生态保护控制

水生生态保护措施的工作应包括水生生物栖息地保护和人工修复措施、过鱼设施和鱼类增殖放流设施的监督检查。

水生生物栖息地保护和人工修复措施的工作应按下列规定执行。

第一，采用资料对比和现场核查的方法，核查水生生物栖息地保护和人工修复措施与环境影响评价文件、环境保护设计文件的符合性及程序的合规性。重点关注保护和修复措施的位置、范围、规模、类型、结构和参数。

第二，采用跟踪巡查的方法，检查水生生物栖息地保护和人工修复措施的实施进度是否与下闸蓄水、电站试运行等关键节点同时投产和同步运行。

第三，通过检查专业人员配备、人员职责、管理制度等，分析水生生物栖息地保护和人工修复措施的维护管理是否满足环境影响评价文件和环境保护设计文件的要求。

过鱼设施的检查应按下列规定执行。

第一，采用资料对比和现场核查的方法，核查过鱼设施与环境影响评价文件、环境保护设计文件的符合性及程序的合规性。重点关注过鱼设施的布置、类型、规模、工艺和结构。

第二，采用跟踪巡查的方法，检查过鱼设施是否按照设计文件中的施工进度计划要求按时开工，并检查过鱼设施及配套设施的实施进度是否与下闸蓄水、电站试运行等关键节点同时投产和同步运行。

第三，通过检查专业人员配备、职责分工、管理制度和运行记录，分析过鱼设施的运行维护管理制度是否完善。

第四，针对网捕过坝措施，通过核查过坝鱼类的种类、数量、捕捞过坝季节和周期等，分析鱼类网捕过坝措施效果是否满足环境影响评价文件和环境保护设计文件的要求。

第五，检查过鱼设施的运行方案及其审查文件。

第六，通过收集过鱼设施的运行记录、过鱼效果监测评估报告等资料，辅以现场跟踪、巡查等方式，掌握过鱼设施主要设备的运行维护情况和过鱼效果。

鱼类增殖放流设施的工作应按下列规定执行。

第一，采用资料对比和现场核查的方法，核查鱼类增殖放流设施与环境影响评价文件、环境保护设计文件的符合性及程序的合规性。重点关注设施的选址、对象、规模、工艺、布置、结构和参数。

第二，采用巡查的方法，检查鱼类增殖设施建设和投入运行时间是否满足环境影响评价文件和环境保护设计文件中施工进度计划要求，重点是与截流、下闸蓄水等工程建设节点的关系。

第三，通过检查专业人员配备、职责分工、管理制度和供水供电保障措施等，分析鱼类增殖放流设施的运行维护管理制度是否完善。

第四，采用巡查和现场跟踪的方法，检查鱼类增殖放流措施的亲鱼捕捞计划、培育计划和放流计划等的执行情况。

第五，通过查阅设备运行记录，辅以旁站、巡查等方式，检查运行维护管理制度的执行情况。

第六，采用巡查的方法，检查鱼类放流措施的对象、数量、规格、时间和地点是否满足环境影响评价文件和环境保护设计文件的要求。

第七，跟进水生生态科学研究项目的实施进度、成果及资金投入，判断其是否满足工程水生生态保护工作的需要。

四、陆生生态保护控制

陆生生态保护措施的工作应包括生态保护与修复、就地保护、迁地保护和水库消落带环境保护措施的监督检查。

生态保护与修复措施的工作应按下列规定执行。

第一，采用资料对比和现场核查的方法，核查生态保护和修复措施与环境影响评价文件、环境保护设计文件的符合性及程序的合规性。重点是实施位置、范围、规模、类型、群落结构配置和物种组成。

第二，采用巡查和现场跟踪的方法，检查生态保护与修复措施实施节点是否满足环境影响评价文件、环境保护设计文件的要求。

第三，通过检查专业人员配备、职责分工、管理制度和运行记录等，分析生态保护与修复措施的维护管理制度是否完善。

第四，采用巡查和现场跟踪的方法，检查维护管理情况，分析是否满足环境影响评价文件和环境保护设计文件中施工进度计划的要求。

就地保护和迁地保护措施的工作应按下列规定执行。

第一，陆生植物就地保护措施应重点关注避让、围栏、挂牌、建立自然保护区；陆生动物就地保护措施应重点关注避让野生动物栖息场所和活动通道，建立动物救护站。陆生植物迁地保护措施应重点关注移栽、引种、繁育和建立植物园；陆生动物迁地保护措施应重点关注迁移、人工繁殖和建立动物园。

第二，采用资料对比和现场核查的方法，核查就地保护、迁地保护措施的对象、位置、规模和方式等，分析其与环境影响评价文件、环境保护设计文件的符合性，程序的合规性和保护措施实施的合理性，重点保护对象包括野生珍稀、濒危、特有生物物种及其栖息地和古树名木。

第三，检查就地保护和迁地保护措施实施进度，重点是与截流、下闸蓄水等工程建设节点的关系，并根据生态学特性来监督珍稀保护动、植物和古树名木保护措施的实施进度。

第四，通过检查专业人员配备、职责分工、管理制度、运行或养护记录等，分析就地保护和迁地保护措施的运行维护管理制度是否完善。

第五，指导承包商开展陆生生态保护宣传及培训。

水库消落带环境保护措施的工作应按下列规定执行。

第一，采用资料对比和现场核查的方法，核查水库消落带环境保护措施与环境影响评价文件、环境保护设计文件的符合性及程序的合规性。重点是治理范围、实施时段和治理模式。

第二，采用巡查和现场跟踪的方法，检查水库消落带环境保护措施实施节点是否满足环境影响评价文件和环境保护设计文件的要求。重点是与下闸蓄水、电站试运行等关键节点的关系。

第三，通过检查专业人员配备和职责分工、管理制度、养护记录等，分析水库消落带环境保护措施的养护管理制度是否完善。

第四，采用巡查和现场跟踪的方法，检查水库消落带环境保护措施的养护管理情况，分析是否满足环境影响评价文件和环境保护设计文件的要求。

第五，跟进检查陆生生态科学研究项目的实施进度、成果及资金投入是否满足工程水生生态保护工作的需要。

五、粉尘、废气和噪声控制

粉尘防治措施的工作应按下列规定执行。

第一，粉尘防治措施的工作应包括对开挖与爆破粉尘、砂石加工与混凝土拌和系统粉尘和交通扬尘削减与控制措施的监督检查。

第二，通过对粉尘防治措施的类型、位置和规模的核查，分析其与环境影响评价文件、环境保护设计文件的符合性。

第三，采用巡查和现场跟踪的方法，检查各类粉尘防治措施建设、安装及运行等节点的实施进度。

第四，采用巡查和现场跟踪的方法，重点检查洒水降尘措施的实施及效果、粉状材料运输车辆的密封性及环境空气敏感点限速标志的设置。

第五，通过检查专业人员配备、职责分工、管理制度和运行记录等，分析粉尘防治措施的运行维护管理制度是否完善。

第六，通过检测或分析监测成果，核查工程建设过程中周围大气环境质量的达标情况及措施的实施效果。重点关注敏感区的环境质量达标情况。

第七，针对因施工引发的空气污染投诉，应配合环境保护主管部门开展调查或监测，督促参建单位按照相关要求完善防治措施。

废气防治措施的工作应按下列规定执行。

第一，废气防治措施的检查内容应主要包括对施工生活营地废气削减与控制措施的监督检查。

第二，采用资料对比和现场核查的方法，核查废气防治措施与环境影响评价文件、环境保护设计文件的符合性及程序的合规性。重点关注防治措施的类型、位置、规模。

第三，采用巡查和现场跟踪的方法，检查各类废气防治措施的建设、安装及运行等节点的实施进度。

第四，通过检查专业人员配备、职责分工、管理制度和运行记录等，分析粉尘防治措施的运行维护管理制度是否完善。

第五，通过对监测报告的分析，核查工程建设过程中大气环境质量达标情况及措施的实施效果。重点关注敏感区的环境质量达标情况。

第六，针对因施工引发的空气污染投诉，应配合环境保护主管部门开展调查或监测，督促参建单位按照相关要求完善防治措施。

噪声防治措施应按下列规定执行。

第一，噪声防治的工作内容应主要包括施工机械及辅助企业噪声、交通噪声和爆破噪声控制措施的监督检查。

第二，采用资料对比和现场核查的方法，核查噪声防治措施与环境影响评价文件、环境保护设计文件的符合性及程序的合规性。重点关注防治措施的类型、位置、规模等。

第三，采用巡查和现场跟踪的方法，检查各类噪声防治措施的建设、安装及运行等节点的实施进度。

第四，采用巡查和现场跟踪的方法，重点检查各类噪声防治措施实施效果、声环境敏感点限速标志的设置。

第五，通过检查专业人员配备、职责分工、管理制度和运行记录等，分析噪声防治措施的运行维护管理制度是否完善。

第六，通过对监测报告的分析，检查工程建设过程中声环境质量达标情况及措施的实施效果。重点关注敏感区的环境质量达标情况。

第七，针对因工程建设引发的噪声投诉，应配合环境保护主管部门开展调查或监测，督促参建单位按照相关要求完善防治措施。

六、固体废物处理与处置控制

固体废弃物处理与处置措施工作应包括对生活垃圾、一般工业固体废物和危险废物处理与处置措施的监督检查。

生活垃圾和一般工业固体废物处理与处置措施的工作应按下列规定执行。

第一，采用资料对比和现场核查的方法，核查收运、处置措施与环境影响评价文件、环境保护设计文件的符合性及程序的合规性。重点关注措施的类型、位置、规模和布置。

第二，采用巡查和现场跟踪的方法，检查垃圾处理场（厂）、一般工业固体废物贮存和处理场的建设、安装及运行等节点的实施进度。

第三，通过检查专业人员配备、职责分工、管理制度和运行记录等，分析生活垃圾和一般工业固体废弃物处理与处置措施的运行维护管理制度是否完善。

第四，采用巡查和现场跟踪的方法，检查生活垃圾是否得到及时收运和处理，检查一般工业固体废弃物处理与处置措施是否能正常稳定运行，分析其运行效果。

第五，通过检测和分析监测成果，检查垃圾处理场（厂）运行过程中污染物排放达标情况。

危险废物环境保护措施的工作应按下列规定执行。

第一，采用资料对比和现场核查的方法，核查危险废物收集和贮存措施与环境影响评价文件、环境保护设计文件的符合性及程序的合规性，重点关注危险废物的种类、性质、产生量、流向，贮存设施的位置、类型、布置。

第二，应按照国家有关规定制订危险废物管理计划，并向所在地县级以上地方人民政府环境保护行政主管部门申报危险废物的种类、产生量、流向、贮存、处置等有关资料。

第三，采用巡查和现场跟踪的方法，检查危险废物是否按照国家有关规定贮存和转运，是否存在擅自倾倒、堆放行为。

第四，检查危险废物委托处置协议、被委托处置单位资质及危险废物转移联单等资料的合规性。

第五，通过检查专业人员配备、职责分工、管理制度和运行记录等，分析危险废物收集、贮存措施的运行维护和管理制度是否完善。

七、人群健康保护管理

应重点关注以下几点。

第一，施工人员进场前的卫生检疫和施工人员定期健康检查情况，有无体检不达标的施工人员进驻工地现场的情况。

第二，环境卫生及食品卫生管理与监督情况，包括食堂的清洁卫生管理情况、食堂工作人员持健康证上岗情况等。

第三，采取的饮用水源地保护措施和饮用水水质的达标情况（是否委托当地卫生防疫机构或环境监测机构定期对饮用水水质进行检验）。

第四，施工区卫生防疫机构（工地诊所或医院）的设置情况，包括医院的规模和等级、医护人员的数量和医疗设备的配备情况等。

第五，施工区有无发生群发性的传染病事情，若有，说明发生的原因、采取的相关措施以及处理结果。

八、环境风险管理

风险管理措施包括如下几点。

第一，建设单位应关注环境风险管理，了解环评文件关于外来物种风险、重大污染事故等方面风险分析的内容，监督落实环评文件提出的相对应的风险管理措施（防范措施和应急预案），包括事故预防措施、预警措施、应急处置措施、事故终止后的处置措施以及对外环境敏感保护目标的保护措施等。

第二，事故预防措施包括加工、储存、输送危险物料的设备、容器、管道的安全设计；防火、防爆措施；危险物质或污染物质的防泄漏、溢出措施；工艺过程事故自诊断和连锁保护；等等。

第三，事故预警措施包括可燃气体和有毒气体的泄漏、危险物料溢出报警系统；污染物排放监测系统；火灾爆炸报警系统；等等。

第四，事故应急处置措施包括事故报警、应急监测及通信系统、消防系统、紧急停车系统；终止风险事故的措施，如中止或减少事故泄放量的措施等；防止事故蔓延和扩大的措施；等等。

第五，事故终止后的处理措施主要包括事故过程中产生的有毒、有害物质的处理措施，如污染的消防废水的处理处置。

第六，对外环境敏感目标的保护措施包括设置必要的撤离疏散通道、避难所，重要生活饮用水取水口的隔离保护措施等。

第七，核查事故应急池设计、计算依据是否充分，规模是否合理，布设位置是否恰当，收集和截断系统保证事故废水收集的可靠性，事故废水的最终处置落实。

第八，应组织对环保监理单位、承包人对施工期环境风险应急预案进行审核。

第九，风险识别：主要评估生产设施、物质风险识别是否全面，风险类型判断是否正确。其中生产设施风险识别范围应包括生产装置、贮运系统、公用工程系统、辅助生产设施及工程环保设施等；物质风险识别范围应包括主要原材料及辅助材料、燃料、中间产品、最终产品以及"三废"污染物。

第十，风险类型主要为火灾、爆炸、泄漏；评估识别的风险环节、物质风险和风险种类是否准确，对照危化物质储存情况一览表，现场核实危化物质的使用量、储存量、在线量。

第十一，评审环境风险应急体系、响应级别、响应联动、应急监测是否具有可操作性，是否有效、可行。

第十二，环境应急预案的设置情况以及应急预案是否符合工程实际，相关工作人员对应急预案是否经常进行演练等。

第十三，采取的危险品贮存、运输安全防范措施（如运输线路避让环境敏感目标和生态保护目标或与其的距离符合国家有关要求）。

第十四，工艺设计中采取的安全防范措施以及其他相关环境应急措施的设置情况等，措施是否满足环评及批复要求以及实施后的效果如何。

九、其他

其他环境保护措施的工作应主要包括人群健康保护措施、地质环境保护措施、景观保护措施、文物保护措施和土壤环境保护措施的监督检查。

采用资料对比和现场核查的方法，核查其他环境保护措施与环境影响评价文件、环境保护设计文件的符合性及程序的合规性。

施工期各项环保设施要根据其实际运行管理的情况如实做好台账记录工作。根据运行记录数据及时分析运行效果，台账经监理审批后及时报送建管局备案，以便工程竣工验收时查阅。

十、运行期污染治理及环境保护设施运行情况

（一）一般规定

为确保建设项目的环境保护设施及其他措施等能够按批准的环境影响评价文件和设计文件的要求建成或者落实，环境保护设施经负荷试车检测合格，其防治污染能力适应主体工程的需要，应对污染治理及环境保护设施试运行期等各环境保护措施落实、设施运转情况、对环境产生实际影响等进行核实和评估，重点监督落实以下要求：

委托或自行编制的《环境风险事故应急预案》经评审后报环境主管部门备案。

环境保护设施安装质量符合国家和有关部门颁发的专业工程验收规范、规程和检验评定标准。

具备环境保护设施正常运转的条件，包括：经培训合格的操作人员、健全的岗位操作规程及相应的规章制度，原料、动力供应落实，符合交付使用的其他要求。

污染物排放符合环境影响评价文件和设计文件中提出的标准及核定的污染物排放总量控制指标的要求。

环境影响评价文件提出须对清洁生产进行指标考核的，责任方应按规定要求完成。

（二）水环境

应关注工程及其附属设施排放的污水治理措施及地下水、地表水环境保护措施的落实情况。

（三）地表水环境

掌握水污染源基本情况：建设项目用水情况、污染产生环节、污水种类与收集处理方

案、废水的处理后回用情况等。

核实污染源治理情况：污水处理的工艺和流程、污染物去除率、污水排放去向和水体收纳情况。

现场检查，分析监测资料，核查达标排放情况、环境保护措施的有效性与可靠性及相关情况。

对存在下泄低温水的项目，应核查分层取水或水温恢复措施运行情况。

对下游河道存在减（脱）水的项目，应熟悉下泄流量值与下泄流量过程的要求，检查工程保障设施和管理措施落实情况。

检查水环境风险防范与应急措施的落实情况：重点检查水环境风险事故发生情况、环境影响评价文件及其批复文件有关环境风险应急措施要求的落实情况和应急物资的储备情况，分析污水处理设施发生事故排放的可能性，评估事故排放应急措施的有效性、可靠性。

（四）固体废物处置

熟悉固体废物处理（处置）相关政策、规定和要求，检查固体废物影响的防治措施及其效果。

对固体废物进行全过程关注，即从固体废物的产生、收集、运输、贮存、预处理、综合利用、处置的整个过程和各个环节的控制管理与污染防治。

委托专业机构对危险废物进行处置，应注意核实调查危废处理单位的资质。

第三节　施工期水土保持管理要点

一、施工期水土保持管理工作

在日常管理工作中，为保证水土保持方案的顺利实施，建设单位须采取以下管理措施：

建设单位要把水土保持工作列入重要议事日程，切实加强领导，真正做到责任、措施和投入"三到位"，认真组织方案的实施和管理，定期检查，接受社会监督。

加强水土保持的宣传、教育工作，提高施工人员和各级管理人员以及工程附近群众的水土保持意识。

建设单位在主体工程招标过程中，按照水土保持工程技术要求，将水土保持工程各项内容纳入招标文件的正式条款中。对参与项目投标的施工单位，进行严格的资质审查，确保施工队伍的技术素质。要求施工单位在招标投标文件中，对水土保持措施的落实做出书面承诺。中标后，施工单位与业主须签订水土保持责任合同，在主体工程施工中，必须按照水土保持方案要求实施水土保持措施，保证水土保持工程效益的充分发挥。

制订详细的水土保持方案实施进度，加强计划管理，以确保各项水土保持措施与主体工程同步实施、同期完成、同时验收。

制订突发事件应对处理方案，对滑坡、崩塌等重大险情或事故及时补救。

水土保持工程施工过程中，建设单位须对施工单位提出具体的水土保持施工要求，并要求施工单位对其施工责任范围内的水土流失负责。

施工期间，施工单位应严格按照工程设计图纸和施工技术要求施工，并满足施工进度的要求。

施工过程中，应采取各种有效措施防止在其占用的土地上发生不必要的水土流失，防止其对占用地范围外土地的侵占及植被资源的损坏，严格控制和管理车辆机械的运行范围，防止因施工而扩大对地表的扰动。设立保护地表和植被的警示牌，施工过程中应注重保护地表和植被。注意施工及生活用火的安全，防止火灾烧毁地表植被。

施工期间，应对防洪设施进行经常性检查维护，保证其防洪效果和运行通畅，防止工程施工开挖料和其他土石方在沟渠淤积。

实施植物措施时应注意整个施工过程的质量，及时测定每道工序，不合要求的要及时整改，同时，还须加强乔、灌、草栽植后的抚育管理工作，做好养护，确保其成活率，以求尽快发挥植物措施的保土保水功能。

水土保持方案经批准后，主动与各级水行政主管部门取得联系，自觉接受地方水行政主管部门的监督检查。在水土保持施工过程中，如需进行设计变更，建设单位应与施工单位、设计单位、工程监理单位和水保监理单位协商，按相关程序要求实施变更或补充设计，并经批准后方可实施。

要求施工单位制订详细的水土保持方案实施进度计划，加强水土保持工程的计划管理，以确保各项水土保持设施与主体工程同时设计、同时施工和同时竣工验收投产使用的"三同时"制度的落实。加强对工程建设的监督管理，成立专业的技术监督队伍，预防人为活动造成新的水土流失，并及时对开发建设活动造成的水土流失进行治理。确保水土保持工程的质量。

二、水土保持工作程序、方法和制度

（一）水土保持基本工作程序

水土保持工程工作应遵循下列工作程序。

签订施工合同、监理合同，明确范围、内容和责权。

熟悉工程设计文件、施工合同文件和监理合同文件。

组织设计单位、施工单位、监理单位召开第一次工地会议进行工作交底。

督促监理单位、施工单位及时整理、归档各类资料。要求施工单位提交水土保持施工总结报告及相关档案资料。要求监理单位提交水土保持监理总结报告及相关档案资料。组织水土保持单位工程验收工作。

（二）水土保持施工管理主要工作方法。

现场跟踪检查、现场记录、发布文件、巡视检验、跟踪检测，以及协调建设备方关系，调解并处理工程施工中出现的问题和争议等。

现场业主代表应与监理人员对施工单位报送的拟进场的工程材料、籽种、苗木报审表及质量证明资料进行审核，并对进场的实物按照有关规范采用平行检测或见证取样方式进行抽检。

对淤地坝、拦渣坝（墙、堤）、护坡工程、排水工程、泥石流防治工程等的隐蔽工程、关键部位和关键工序，应根据合同及监理单位的水土保持监理细则要求监理单位实行旁站监理。

（三）水土保持施工管理主要工作制度

技术文件审核、审批制度。应对施工图纸和施工单位提供的施工组织设计、开工申请报告等文件进行审核或审批。

材料、构配件和工程设备检验制度。应对进场的材料、苗木、籽种、构配件及工程设备出厂合格证明、质量检测检疫报告进行核查，并责令施工或采购单位负责将不合格的材料、构配件和工程设备在规定时限内运离工地或进行相应处理。

工程质量检验制度。施工单位每完成一道工序或一个单元、分部工程都应进行自检，合格后方可报监理机构进行复核检验。上一单元、分部工程未经复核检验或复核检验不合格，不应进行下一单元、分部工程施工。

工程计量与付款签证制度。按合同约定，所有申请付款的工程量均应进行计量并经监理机构确认。未经监理机构签证的工程付款申请，建设单位不应支付。

工地会议制度。相关各方参加并签到，形成会议纪要须分发与会各方。工地会议应符合下列要求。

第一，建设单位应组织或委托总监理工程师主持相关各方召开第一次工地会。建设单位、施工单位法定代表人或授权代表应出席，重要工程还应邀请设计单位进行技术交底；各方在工程项目中担任主要职务的人员应参加会议。

第二，会议可邀请质量监督单位参加。会议应包括以下主要内容。

A. 介绍人员、组织机构、职责范围及联系方式。建设单位宣布对监理机构的授权及总监理工程师；施工单位应书面提交项目负责人授权书。

B. 施工单位陈述开工的准备情况；监理工程师应就施工准备情况及安全等情况进行评述。

C. 建设单位对工程用地、占地、临时道路、工程支付及开工条件有关的情况进行说明。

D. 监理单位对监理工作准备情况及有关事项进行说明。

E. 监理工程师对主要监理程序、质量事故报告程序、报表格式、函件往来程序、工地例会等进行说明。

F. 会议主持人进行会议小结，明确施工准备工作尚存在的主要问题及解决措施，并形成会议纪要。

G. 工地例会宜每月定期召开一次，水土保持工程参建各方负责人参加，由总监理工程师或总监理工程师代表主持，并形成会议纪要。会议应通报工程进展情况，检查上一次工地例会中有关决定的执行情况，分析当前存在的问题，提出解决方案或建议，明确会后应完成的任务。

H. 应根据需要，主持召开工地专题会议，研究解决施工中出现的涉及工程质量、工程进度、工程变更、索赔、安全、争议等方面的问题。

（四）工作报告制度

要求监理机构应按双方约定的时间和渠道向建设单位提交项目监理月报（或季报、年度报告）。

要求在工程进行阶段性验收时提交阶段性监理工作报告，在合同项目验收时提交监理工作总结报告。

工程验收制度。在施工单位提交验收申请后，监理机构应对其是否具备验收条件进行审核，建设单位组织工程验收。

三、水土保持项目管理部门的准备工作

1. 熟悉有关文件。

2. 组织相关人员编制水土保持管理文件。

3. 审核监理单位上报的水土保持监理规划或细则。

4. 下发施工图纸和相关管理文件。

5. 专项资金落实。

6. 施工用地等施工条件的协调、落实。

7. 有关测量基准点的移交。

8. 首次预付款按合同约定拨付。

9. 应检查并督促落实施工单位的下列施工准备工作。

第一，施工单位管理组织机构设置是否健全、职责是否明确，管理和技术人员数量是否满足工程建设需要。

第二，施工单位是否具备投标承诺的资质，施工设备、检测仪器设备能否满足工程建设要求。

第三，施工单位是否对水土保持综合治理措施进行了设计，是否对当地地理条件、可实施条件等进行了核对，苗木、籽种来源是否落实。

第四，施工单位是否对淤地坝、拦渣坝（墙、堤）、护坡工程、排水工程、泥石流防治工程、采石场、取土场、弃渣场等的原始地面线、沟道断面等影响工程计量的部位进行了复测或确认。

第五，施工单位的质检人员组成、设备配备是否落实，质量保证体系、施工工艺流程、检测检查内容及采用的标准是否合理。

第六，施工单位的安全管理机构、安全管理人员配备、安全管理规章制度是否完善。

第七，施工单位的水土保持、安全文明生产等相关措施的制定是否合理、完善。

第八，应从下列方面审查施工单位的施工组织设计。

A. 施工质量、进度、安全、职业卫生、水土保持等是否符合国家相关法律法规、行业标准、工程设计、招标投标文件、合同及投资计划的要求目标。

B. 质量、安全、职业卫生和水土保持机构、人员、制度措施是否齐全、有效。

C. 施工总体部署、施工方案、安全度汛应急预案是否合理可行。

D. 施工计划安排是否与当地季节气候条件相适应。

E. 施工组织设计中临时防护及安全防护和专题技术方案是否可行。

10. 应检查施工单位进场原材料，构配件的质量、规格是否符合有关技术标准的要

求，储存量是否满足工程开工及随后施工的需要。

11. 对施工准备阶段的场地平整以及通水、通路、通电和施工中的其他临时工程等进行巡检。

12. 组织召开第一次工地会议。

四、水土保持施工实施阶段的工作

（一）开工条件的控制

审查监理单位签发的开工令。

单位工程或合同项目中的单项工程开工前，应由监理机构审核施工单位报送的开工申请、施工组织设计，检查开工条件，经建设单位同意后由总监理工程师签发工程开工令。

由于施工单位原因使工程未能按施工合同约定时间开工的，监理机构应通知施工单位在约定时间内提交赶工措施报告并说明延误开工原因。由此增加的费用和工期延误造成的损失，应由施工单位承担或按合同约定处理；由于建设单位原因使工程未能按施工合同约定时间开工，由此增加的费用和工期延误造成的损失应由建设单位承担。

在收到施工单位提出的顺延工期的要求后，建设单位应立即与监理单位和施工单位协商补救办法。由此增加的费用和工期延误造成的损失，应按合同约定处理。

（二）水土保持工程质量控制

工程质量控制应符合下列规定。

第一，建立健全质量控制体系，并在管理过程中不断修改、补充和完善；督促施工单位建立健全质量保证体系，并监督其贯彻执行。

第二，对施工质量活动相关的人员、材料、施工设备、施工方法和施工环境进行监督检查。

第三，对施工单位在施工过程中从事施工、质检和施工设备操作等应持证上岗的相关人员进行检查。没有取得资格证书的人员不应在相应岗位上独立工作。

第四，监督施工单位对进场材料、苗木、籽种、设备和构配件等产品质量进行检验，并检查其材质证明和产品合格证。未经检验和检验不合格不应在工程中使用。

第五，复核并签认施工单位的施工临时高程基准点。

淤地坝、拦渣工程和防洪排导工程施工中，应按照设计要求检查每一道工序，填表记载质量检查取样平面位置、高程及测试成果。应要求施工单位认真做好单元工程质量评定并经业主及监理人员签字认可，在施工记录簿上详细记载施工过程中的试验和观测资料，作为原始记录存档备查。

淤地坝、拦渣工程和防洪排导工程基础开挖与处理的质量控制，应重点检测下列内容。

第一，坝基及岸坡的清理位置、范围、厚度，结合槽开挖断面尺寸。

第二，溢洪道、涵洞、卧管（竖井）及明渠基础强度、位置、高程、开挖断面尺寸和坡度。

第三，石质基础中心线位置、高程、坡度、断面尺寸、边坡稳定程度。

坝（墙、堤）体填筑的质量控制，应重点检测下列内容。

第一，土料的种类、力学性质和含水量，水泥、钢筋、砂石料、构配件等材料的质量及生产合格证书。

第二，碾压坝（墙、堤）体的压实干容重和分层碾压的厚度，以及水坠坝边埂的铺土厚度、压实干容重。

第三，碾压坝（墙、堤）体施工中有无层间光面、弹簧土、漏压虚土层和裂缝，施工连接缝及坝端连接处的处理是否符合要求。

第四，水坠坝边埂尺寸、泥浆浓度、充填速度。

第五，混凝土重力坝（墙、堤）混凝土标号、支模、振捣及拆模后外观质量，以及后期养护情况。

第六，坝（墙、堤）体断面尺寸，考虑填筑体沉陷高度的竣工坝（墙、堤）顶高程。

第七，防渗体的型式、位置、断面尺寸、土料的级配、碾压密实性、关键部位填筑质量。

反滤体的质量控制，应重点检测下列内容。

第一，结构形式、位置、断面尺寸、接头部位和砌筑质量。

第二，反滤料的颗粒级配、含泥量，反滤层的铺筑方法和质量。

坝（墙、堤）面排水、护坡及取土场的质量控制，应重点检测下列内容。

第一，坝面排水沟的布置及连接。

第二，植物护坡的植物配置与布设。

第三，取土场整治。

第四，墙（堤）体及上方与周边来水处理措施和排水系统的完整性。

溢洪道砌护的质量控制，应重点检测下列内容。

第一，结构形式、位置、断面尺寸、接头部位。

第二，石料的质量、尺寸。

第三，基础处理。

第四，水泥砂浆配合比、混凝土配合比、拌和物质量、砌筑方法及质量。

放水（排洪）工程的质量控制，应重点检测下列内容。

第一，排洪渠、放水涵洞工程形式、主要尺寸、材料及施工工艺。

第二，混凝土预制涵管接头的止水措施，截水环的间距及尺寸，涵管周边填筑土体的夯实；浆砌石涵洞的石料及砌筑质量，涵管或涵洞完工后的封闭试验。

第三，浆砌石卧管和竖井砌筑方法、尺寸、石料及砌筑质量，明渠及其与下游沟道的衔接。

第四，现浇混凝土结构钢筋绑扎、支模、振捣及拆模后外观质量，以及后期养护情况。

（三）水土保持工程进度控制

工程进度控制的主要工作，应包括下列内容。

第一，审批施工单位在开工前提交的依据施工合同约定的工期总目标编制的总施工进度计划、现金流量计划及总说明。

第二，施工过程中审批施工单位根据批准的总进度计划编制的年、季、月施工进度计划，以及依据施工合同约定审批特殊工程或重点工程的单位（单项）、分部工程进度计划及有关变更计划。

第三，在施工过程中，检查和督促计划的实施。

施工进度应考虑不同季节及汛期各项工程的时间安排和所要达到的进度指标。其中植物措施进度应根据当地的气候条件适时调整，施工进度以年（季）度为单位进行阶段控制；淤地坝等工程施工进度安排应考虑工程的安全度汛。

合同项目总进度计划应由监理机构审查。年、季、月进度计划应由监理工程师审批。经业主批准的进度计划应作为进度控制的主要依据。

施工进度计划审批应符合下列程序。

第一，施工单位应在施工合同约定的时间内向监理机构提交施工进度计划，监理单位审查后报业主审核。

第二，在收到施工进度计划后及时进行审查，提出明确审批意见。必要时应召集由监理单位、设计单位参加的施工进度计划审查专题会议，听取施工单位的汇报，并对有关问题进行分析研究。

第三，审批施工单位应提交施工进度计划或修改、调整后的施工进度计划。

施工进度计划审查应包括下列主要内容：

第一，在施工进度计划中有无项目内容漏项或重复的情况。

第二，施工进度计划与合同工期和阶段性目标的响应性与符合性。

第三，施工进度计划中各项目之间逻辑关系的正确性与施工方案的可行性。

第四，关键路线安排和施工进度计划实施过程的合理性。

第五，人力、材料、施工设备等资源配置计划和施工强度的合理性。

第六，材料、构配件、工程设备供应计划与施工进度计划的衔接关系。

第七，本施工项目与其他各标段施工项目之间的协调性。

第八，施工进度计划的详细程度和表达形式的适宜性。

第九，其他应审查的内容。

施工进度的检查与协调，应符合下列规定。

第一，应督促施工单位做好施工组织管理，确保施工资源的投入，并按批准的施工进度计划实施。

第二，应及时收集、整理和分析进度信息，做好工程进度记录以及施工单位每日的施工设备、人员、材料的进场记录，并审核施工单位的同期记录，编制描述实际施工进度状况和用于进度控制的各类图表。

第三，应对施工进度计划的实施进行定期检查，对施工进度进行分析和评价，对关键路线的进度实施重点跟踪检查。

第四，应根据施工进度计划，协调有关参建各方之间的关系，定期召开生产协调会议，及时发现、解决影响工程进度的干扰因素，促进施工项目顺利进行。

制约总进度计划的分部工程的进度严重滞后时，监理工程师应签发监理指令，要求施工单位采取措施加快施工进度。进度计划须调整时，应报总监理工程师审批。

施工进度计划的调整，应符合下列规定。

第一，在检查中发现实际工程进度与施工进度计划发生了实质性偏离时，应要求施工单位及时调整施工进度计划。

第二，应根据工程变更情况，公正、公平地处理工程变更所引起的工期变化事宜。当工程变更影响施工进度计划时，应指示施工单位编制变更后的施工进度计划。

第三，应依据施工合同和施工进度计划及实际工程进度记录，审查施工单位提交的工期索赔申请。

第四，施工进度计划的调整使总工期目标、阶段目标和资金使用等变化较大时，监理机构应提出处理意见报建设单位批准。

项目的停工与复工，应符合下列规定。

第一，在发生下列情况之一时，可视情况决定是否下达暂停施工通知。

A. 未经许可进行工程施工。

B. 施工单位未按照批准的施工组织设计或施工方法施工，并且可能会出现工程质量问题或造成安全事故隐患。

C. 施工单位有违反施工合同的行为。

第二，在发生下列情况之一时，监理机构应下达暂停施工通知。

A. 工程继续施工将会对第三者或社会公共利益造成损害。

B. 为了保证工程质量、安全所必要。

C. 发生了须暂时停止施工的紧急事件。

D. 施工单位拒绝执行监理机构的指示，从而将对工程质量、进度和投资控制产生严重影响。

E. 其他应下达暂停施工通知的情况。

（四）工程投资控制目标

工程投资控制的主要工作，应包括下列内容。

第一，根据工程实际进展情况，对合同付款情况进行分析，提出资金流调整意见。

第二，审核工程付款申请。

第三，根据施工合同约定进行价格调整。

第四，根据授权处理工程变更所引起的工程费用变化事宜。

第五，处理合同索赔中的费用问题。

第六，审核完工付款申请。

第七，审核最终付款申请。

对投资的控制程序应为：先经监理工程师审核，再报总监理工程师审定、审批。

计量项目应是施工合同中规定的项目。

可支付的工程量，应同时符合下列条件。

第一，经监理机构签认，并符合施工合同约定或建设单位同意的工程变更项目的工程量及计日工。

第二，经质量检验合格的工程量。

第三，施工单位实际完成的并按施工合同有关计量规定计量的工程量。

第四，在签发的施工图纸（包括设计变更通知）所确定的范围和施工合同文件约定应扣除或增加计量的范围内，应按有关规定及施工合同文件约定的计量方法和计量单位进行计量。

工程计量，应符合下列程序：

第一，施工单位在提交监理机构计量前应对所完成的所有工程进行自查登记。

第二，对淤地坝、拦渣坝（墙、堤）、渠系、道路、泥石流防治及坡面水系等工程措施的现场计量应使用相应的测量工具，逐一进行测量，并做好记录。

付款申请和审查，应符合下列规定。

第一，计量结果认可后，方可受理施工单位提交的付款申请。

第二，施工单位应在施工合同约定的期限内填报付款申请报表，在接到施工单位的付款申请后，应在施工合同约定时间内完成审核。付款申请应符合下列要求。

A. 付款申请表填写符合规定，证明材料齐全。

B. 申请付款项目、范围、内容、方式符合施工合同约定。

C. 质量检验签证齐备。

D. 工程计量有效、准确。

E. 付款单价及合价无误。

F. 因施工单位申请资料不全或不符合要求而造成付款证书签证延误的，应由施工单位承担责任。未经监理机构签字确认，建设单位不应支付任何工程款项。

五、施工安全、职业卫生与环境保护

监督施工单位建立健全安全、职业卫生保证体系和安全职业卫生管理制度，对施工人员进行安全卫生教育；应组织监理单位进行施工安全卫生的检查、监督；应审查水土保持工程施工组织设计中的施工安全及卫生措施。

对施工单位执行施工安全及职业卫生法律法规，工程建设强制性标准及施工安全卫生措施情况进行监督检查，发现不安全因素和安全隐患以及不符合职业卫生要求时，应要求监理单位书面指令施工单位采取有效措施进行整改。若施工单位延误或拒绝整改时，监理机构可责令其停工。

检查防汛度汛方案是否合理可行，土坝工程的坝体施工原则上不应临汛开工。

监督施工单位避免对施工区域的植物（生物）和建筑物破坏。淤地坝等生态工程，还应在工程完工后，按设计检查施工单位坝坡植物措施质量、取土场整理绿化及施工道路绿化工作，恢复植被。

监督施工单位按照设计有序堆放、处理或利用弃渣，防止造成环境污染，影响河道行洪能力。工程完工后应督促施工单位拆除施工临时设施，清理现场，做好恢复工作。

第四章 水利工程治理的技术方法

第一节 水利工程养护与修理技术

一、水利工程治理技术概述

（一）以现代化理念为引领

加快水利管理现代化步伐是由传统型水利向现代化水利及可持续发展水利转变的重要环节。在现代化理念的引领下，水利工程管理技术不断创新发展。工程管理技术的应用将会加强水利工程管理信息化建设工作，工程的监测手段会更加完善和先进，工程管理技术将基本实现自动化、信息化、高效化，水利工程治理将逐步走上规范化、科学化及现代化的轨道。

（二）以现代知识为支撑

现代水利工程管理的技术手段必须以现代知识为支撑。随着现代科学技术的发展，现代水利工程管理的技术手段得到长足发展。其主要表现在工程安全监测、评估与维护技术手段得到加强和完善；建立、开发相应的工程安全监测、评估软件系统，并对各监测资料建立统计模型和灰色系统预测模型，对工程安全状态进行实时的监测和预警；实现工程维修养护的智能化处理，为工程维护决策提供信息支持，提高工程维护决策水平，实现资源的最优化配置。水利工程维修养护实用技术被进一步广泛应用，如工程隐患探测技术、维修养护机械设备的引进开发和除险加固新材料与新技术的运用，将使工程管理的科技含量逐步增加。

（三）以经验提升为依托

我国有着几千年的水利工程管理历史，我们应该充分借鉴古人的智慧和经验，对传统水利工程管理技术进行继承和发扬。中华人民共和国成立后，在相当长的一段时间内，我国的水利工程管理主要通过人工观测和操作进行调度运用。近年来，随着科技的飞跃式发展，水利工程管理逐步实现现代化。为符合水利工程管理现代化的需求，我们要对传统工程管理工作中所积累的经验进行提炼，并结合现代先进科学技术，形成一个技术先进和性能稳定、实用的现代化管理平台，这将成为现代水利工程管理的基本发展方向。

二、水利工程养护技术

水利工程的养护与修理出现问题，往往会造成水利工程不能发挥出功效，无法保障人民群众安居乐业，更会威胁下游地区的安全。水利工程主体单位应制订科学有效的工作计划，积极应对水利工程使用中的养护与修理问题，将工作真正落到实处，从根本上保障水利工程的安全运行。

（一）工程养护技术

1. 坝顶、坝端的养护

坝顶的养护应做到保持坝顶的整洁、干净、卫生，及时清理废弃物、杂草等；坝肩、踏步的轮廓清晰可辨；防浪墙要稳固，不能有损坏；坝端要平整，没有裂缝，一般情况下不得在坝端堆积杂物。

当坝顶出现坑洼和雨淋沟缺时，要采用相同材料及时进行填补，同时保持适当的排水坡度；及时修补坝顶路面损坏部分；及时清理坝顶的杂草、废弃物，保持卫生。

及时填补坝端上的裂缝、坑凹，清理无关的堆积物。

及时修补防浪墙、坝肩和踏步的破损部分。

2. 坝坡、坝区的养护

坝坡、坝区养护是指对坝顶和上、下游坝坡面的养护，针对跌窝、浪坎、雨淋沟、冰冻隆起、动物洞穴等损坏部分的修补，防止坝体表面持续性受损。

（1）破坏原因

坝坡、坝区的破坏通常是由于受到风浪冲击、块石撞击和冰冻、强烈震动与爆破等的外力作用，也有可能护坡本身结构设计不合理、施工质量差、选取的材质低劣或运用管理不当，以及牲畜践踏、草木丛生等因素造成的。

（2）养护措施

坝坡、坝区的破坏一般是逐渐加剧的，平时勤于检查和养护，可以防止自然和人为的破坏。要经常维持护坡平整完好无损；发现个别石块松动或小损坏要随时楔牢修补；有小的局部隆起和凹陷要及时平整补齐；护坡的排水沟、排水孔要经常疏通；混凝土护坡的伸缩缝如有破坏要立即修好；寒冷地区在春季化冻后要检查护坡，发现有损坏要及时修补。为了预防寒冷地区护坡遭受冰冻、冰压力的破坏，可采用不冻槽等措施，避免护坡与冰盖层直接接触而破坏。

（3）养护要求

坝坡、坝区养护应做到保持坡面平整，无杂草，无雨淋沟；护坡砌块填料密实，砌缝紧致，无松动、风化、架空、塌陷、冻结、脱落等现象。

3. 排水设施养护

保持排水的畅通，无阻塞；确保排水和导渗设施完好无损，无断裂、失效等异常现象。

做好排水沟（管）的清淤工作，及时清理杂物、淤泥、碎冰碴等垃圾，防止堵塞现象的发生。

当排水沟（管）松动时，要及时检查；当出现损坏、开裂等问题时，要使用水泥砂浆进行修补处理。

巡查滤水坝趾、导渗设施周边设置的截水沟，发现问题及时修补，防止截水沟失效导致泥石淤塞导渗设施，影响正常的排水功能。

排水沟（管）的基础如被冲刷破坏，应先恢复基础，后修复排水沟（管）；修复时，应使用与基础同样的土料，恢复至原断面，并夯实。

当减压井附近的积水流入井中时，应尽快将积水抽干，整理坑洼；经常清理疏浚减压井，保证减压井排水的畅通。

4. 输、泄水建筑物的养护

输、泄水建筑物表面应保持清洁完好，要经常清理淤积的泥块、沙石、杂物等，及时排除积水。

当建筑物墙后填土区发生塌坑、沉陷时，应尽快填补加固；建筑物各处排水孔、进水孔、通气孔等均应保持畅通；及时清理墙内的淤积物。

及时解决钢筋混凝土构件表面的起皮及涂料老化、脱落等问题，对裸露部分进行重新封闭。

当护坡、侧墙、消能设施出现松动、塌陷、隆起、淘空等异常现象时，应及时复原，保证设施的功能不受影响。

当钢闸门出现氧化锈蚀、涂料老化时，应及时修补；闸门滚轮等运转部位应及时加油，保持通畅；保持闸门外观清洁，及时清扫缝隙处的杂物，防止杂物损坏设备。

启闭机的养护要求如下。

第一，启闭机表面、外罩应保持清洁，不能有损坏。

第二，启闭机底脚连接应牢固稳定；启闭机连接件应保持密实，不能有松动；机架变形、损伤或有裂缝时，应及时修理。

第三，保持注油设施系统完好，油路畅通，定期过滤或更换，保持油质合格。减速箱、液压油缸内油位在上、下限之间浮动，无漏油现象。

第四，保持维护制动装置常态化，适时调整，保证其正常运转。

第五，应经常清洗螺杆、钢丝绳，视情况安装防尘设施；启闭螺杆异常弯曲时应及时校正。

第六，定期检测闸门开度指示器运转情况，保证其指示正确，正常工作。

机电设备的养护要求如下。

第一，电动机的外壳应保持无尘、无污渍、无锈蚀；轴承内润滑脂油质合格；接线盒应防潮，压线螺栓紧固。

第二，按照相关规定对各种仪表进行定期或不定期的检测，保证指示正确、灵敏；电动机绕组的绝缘电阻应定期检测，当小于 0.5 兆欧时，应检测防潮情况，对器件进行干燥处理。

第三，输电线路、备用发电机组等输变电设施按有关规定定期养护。

第四，所有电气设备外壳均应可靠接地，并定期检测接地电阻值；操作系统的动力柜、照明柜、操作箱、各种开关、继电保护装置、检修电源箱等应定期清洁、保持干净。

5. 观测设施养护

保持观测设施的整洁，做到无损坏、无变形、无堵塞；观测设施如有损坏，应立即展开修复工作，修复后重新校正；观测设施的保护装置标志应放在显著位置上，随时清除观测障碍物；测压管口应随时加盖上锁；及时清理量水堰板上的附着物和堰槽内的淤泥或堵塞物。

6. 自动监控设施的养护

自动监控设施的养护要求。

第一，定期对监控系统进行维护，并及时清洁除尘。

第二，定期检测传感器、接收及输出信号设备，保证设备的精度。及时检修、校正、更换那些不符合标准的配件。

第三，定期检测保护设备，保证设备的灵敏度。

自动监控系统软件的养护要求。

第一，严格执行计算机控制操作规程。

第二，加强对计算机和网络的安全防护，配备防火墙，保证信息安全。

第三，定期对技术文档进行妥善保管，并对系统软件和数据库重要部分进行备份。

第四，不得在监控系统上下载未经无病毒确认的软件；修改或设置软件前后，应提前备份并记录。

及时排除自动监控系统发生的故障，详细记录故障原因。

按照规定对自动监控系统及防雷设施进行日常养护。

（二）工程修理技术

1. 土石坝的修理

（1）分类

土石坝的修理分为岁修、大修和抢修三类。岁修是指在大坝运行中每年进行必要的修理和局部改善；大修是指发生较大损坏、修复工作量大、技术较复杂的工程问题，或经过临时抢修未做永久性处理的工程险情，工程量大的整修工程；抢修是指当突发危及工程安全的险情时立刻组织的修理。

（2）修理工程报批程序

岁修工程项目应由管理单位提出岁修计划，经过主管部门审批后，管理部门根据批准的计划安排岁修。

大修工程项目应由管理单位出具大修工程的可行性报告，经过上级主管部门审批后立项，管理单位根据批准的工程项目组织设计和施工。大修工程项目的设计工作由具有相应等级资质的设计单位完成。

（3）施工管理

岁修工程的施工管理。岁修工程的施工任务由具有相应技术力量的施工单位承担；水库管理单位也可自行承担，但必须满足相应的技术资质，同时明确工程项目责任人，严格执行质量标准，建立质量保证体系，确保工程质量。

大修工程的施工管理。大修工程按照招标、投标制度以及监理制度规范施工，必须由具有相应施工资质的施工单位承担。

影响安全度汛的施工，要在汛期前完成所有工序，保证防汛工作不受影响；汛期前不能完成施工的，必须采取必要的安全度汛措施，防止事故的发生。

（4）竣工验收

工程竣工后，必须严格按照规定，由审批部门组织验收，验收合格才可交工；一般由经验丰富的工程师和技术员负责具体验收工作；验收时有关单位应按规定提供验收材料。一般来说，岁修工程可以视具体情况，适当简化手续。

（5）注意事项

工程修理应积极推广应用新技术、新材料、新设备、新工艺。管理单位不得随意变更批准下达的修理计划。如需调整，应向原审批部门报批，申请变更计划。

2. 护坡的修理

（1）砌石护坡的修理

砌石护坡分为干砌石护坡和浆砌石护坡两类，修理时要区别处理。

①修理方法：根据护坡损坏的程度，选择不同的修理方法。

当护坡出现局部松动、隆起、塌陷、垫层流失等现象时，可采用填补翻筑；出现局部破坏淘空，导致上部护坡滑动坍塌时，可增设阻滑齿墙。对于护坡石块较小，不能抗御风浪冲刷的干砌石护坡，可采用细石混凝土灌缝和浆砌或混凝土框格结构；对于厚度不足、强度不够的干砌石护坡或浆砌石护坡，可在原砌体上部浇筑混凝土盖面，增强抗冲能力。沿海台风地区和北方严寒冰冻地区，为抗御大风浪和冰层压力，修理时应按设计要求的块石粒径和重量的石料竖砌，如无尺寸合适的石料，可采用细石混凝土填缝或框格结构加固。

②材料要求如下。

第一，护坡石料应选用石质良好、质地坚硬、不易风化的新鲜石料，不得选用页岩作为护坡块石；石料几何尺寸应根据大坝所在地区的风浪大小和冰冻程度确定。

第二，垫层材料应选用具有良好的抗水性、抗冻性、耐风化和不易被水溶解的砂砾石、卵石或碎石，粒径和级配应根据坝壳土料性质而定。

第三，浆砌材料中的水泥标号不得低于 325 号；砂料应选用质地坚硬、清洁、级配良好的天然砂或人工砂；天然砂中含泥量要小于 5%，人工砂中石粉含量要低于 12%。

③坡面处理要求如下。

第一，当清除需要翻修部位的块石和垫层时，应保护好未损坏的部分砌体。

第二，修整坡面，要求无坑凹，坡面密实平顺；如有坑凹，应用与坝体相同的材料回填夯实，并与原坝体结合紧密、平顺。

第三，严寒冰冻地区应在坝坡土体与砌石垫层之间增设一层用非冻胀材料铺设的防冻保护层；防冻保护层厚度应大于当地冻层深度。

第四，西北黄土地区粉质壤土坝体，回填坡面坑凹时，必须选用重黏性土料回填。

④垫层铺设规定如下。

第一，垫层厚度必须根据反滤层的原则设计，一般厚度为0.15~0.25米；严寒冰冻地区的垫层厚度应大于冻层的深度。

第二，根据坝坡土料的粒径和性质，按照碾压式土石坝设计规范设计垫层的层数以及各层的粒径，由小到大逐层均匀铺设。

⑤铺砌石料要求如下。

第一，砌石材质应坚实新鲜，无风化剥落层或裂纹，水泥材料符合相关技术条款规定。砌石应以原坡面为基准，在纵、横方向挂线控制，自下而上，错缝竖砌，紧靠密实，塞垫稳固，大块封边。

第二，砌体表面应保持平整、美观，嵌缝饱满。灰缝厚度为20~30毫米。勾缝砂浆单独搅拌，灰砂比在1：1~1：2之间；勾缝前将槽缝冲洗干净，清缝应在料石砌筑24小时后进行；勾缝完成后用浸湿物覆盖21天，加强养护，确保质量。

第三，浆砌块石采用铺浆法砌筑，先坐浆，后砌石，砂浆稠度为30~50毫米。在水泥砂浆标号选用上，无冰冻地区不低于50号，冰冻地区根据抗冻要求选择，一般不低于80号；砌缝内砂浆应饱满，缝口应用比砌体砂浆高一等级的砂浆勾平缝；修补的砌体，必须洒水养护。

⑥采用浆砌框格或增建阻滑齿墙的规定如下。

第一，浆砌框格护坡一般应做成菱形或正方形，框格用浆砌石或混凝土浇筑，其宽度一般不小于0.5米，深度不小于0.6米，冰冻地区按防冻要求加深，框格中间砌较大石块，框格间距视风浪大小确定，一般不小于4米，并每隔3~4个框格设置变形缝，缝宽1.5~2.0厘米。

第二，阻滑齿墙应沿坝坡每隔3~5米设置一道，平行坝轴线嵌入坝体；齿墙尺寸一般宽为0.5米，深度为1米（含垫层厚度）；沿齿墙长度方向每隔3~5米留有排水孔。

（2）混凝土护坡的修理

修理方法：混凝土护坡包括现浇混凝土护坡和预制混凝土块护坡。根据护坡损坏情况，可采用局部填补、翻修加厚、增设阻滑齿墙和更换预制块等方法进行修理。

当护坡发生局部断裂破碎时，可采用现浇混凝土局部填补，填补修理时应满足以下要求：在凿除破损部分时，应保护好完好的部分，严格按设计要求处理好伸缩缝和排水孔。在新旧混凝土接合处，应进行凿毛处理，清洗干净。新填补的混凝土标号应不低于原护坡混凝土的标号。严格按照混凝土施工规范制造混凝土，接合处先铺设1~2厘米厚的砂浆，再填筑混凝土；填补面积大的混凝土应自下而上浇筑，仔细捣实。新浇筑混凝土表面应收浆抹平，洒水养护。垫层遭受淘刷以致护坡损坏的，修补前应按照设计要求将垫层修补好，严寒冰冻地区垫层下还应增设防冻保护层。

当护坡破碎面积较大、混凝土厚度不足、抗风浪能力较差时，可采用翻修加厚混凝土护坡的方法，但应符合以下规定：按满足承受风浪和冰层压力的要求重新设计，确定护坡尺寸和厚度；原混凝土板面应进行凿毛处理，并清洗干净，先铺设一层1～2厘米厚的水泥砂浆，再浇筑混凝土盖面；严格按设计要求处理好伸缩缝和排水孔。

当护坡出现滑移现象或基础淘空、上部混凝土板坍塌下滑时，可采用增设阻滑齿墙的方法修理，但应符合以下规定：阻滑齿墙应平行坝轴线布置，并嵌入坝体；齿墙尺寸参照砌石护坡修理相同标准执行。对于严寒冰冻地区，应在齿墙底部及两侧增设防冻保护层。齿墙两侧应按照原坡面平整夯实，铺设垫层后，重新浇筑混凝土护坡板，同时处理好与原护坡板的接缝。

更换预制混凝土板时，应满足以下要求：在拆除破损部分预制板时，应保护好完好的部分；垫层应按符合防止淘刷的要求铺设；更换的预制混凝土板必须铺设平稳、接缝紧密。

3. 草皮护坡的修理

当护坡的草皮遭到雨水冲刷流失和干旱枯死时，可采用填补、更换的方法进行修理；修理时，应按照准备草皮、整理坝坡、铺植草皮和洒水养护的流程进行施工。

添补更换草皮时，应满足以下要求。

第一，添补的草皮应就近选用，草皮种类应选择低茎蔓延的盘根草，不得选用茎高叶疏的草。补植草皮时，应带土成块移植，移植时间以春、秋两季为宜。移植时，应定期洒水，确保成活。坝坡若是沙土，则先在坡面铺设一层土壤，再铺植草皮。

第二，当护坡的草皮中有大量的茅草、艾蒿、霸王苋等高茎杂草或灌木时，可采用人工挖除或化学药剂除杂草的方法（可喷洒草甘麟或其他化学除草药剂）；使用化学药剂时，切不可污染库区水质。

4. 混凝土面板坝的修理

（1）修理方法

根据面板裂缝和损坏情况，可分别采用表面涂抹、表面粘补、凿槽嵌补等方法进行修理。

当面板出现局部裂缝或破损时，可采用水泥砂浆、环氧砂浆、H52系列特种涂料等防渗堵漏材料进行表面涂抹。

当面板出现的裂缝较宽或伸缩缝止水带遭到破坏时，可采用表面粘补或者凿槽嵌补方法进行修理。

（2）表面涂抹技术要求

采用水泥砂浆进行表面涂抹修理裂缝时，应满足以下要求。

第一，一般情况下，应将裂缝凿成深 2 厘米、宽 20 厘米的毛面，清洗干净并洒水保持湿润。

第二，处理时，应先用纯水泥浆涂刷一层底浆，再涂抹水泥砂浆，最后压实、抹光。

第三，涂抹后，应及时进行洒水养护，并防止阳光暴晒或冬季冰冻。

第四，所用水泥标号不低于 325 号，水泥砂浆配比可采用 1∶1～1∶2。

采用环氧砂浆进行表面涂抹修理裂缝时，应满足以下要求。

第一，沿着裂缝凿槽，一般槽深 1.0～2.0 厘米，槽宽 5～10 厘米，槽面应尽量平整，并清洗干净，要求无粉尘，无软弱带，坚固密实，待干燥后用丙酮擦一遍。

第二，涂抹环氧砂浆前，先在槽面用毛刷涂刷一层环氧基液薄膜，要求涂刷均匀，无浆液流淌堆积现象；已经涂刷基液的部位，应注意保护，严防灰尘、杂物落入；待基液中的气泡消除后，再涂抹环氧砂浆，间隔时间一般为 30～60 分钟。

第三，涂抹环氧砂浆，应分层均匀铺摊，每层厚度一般为 0.5～1.0 厘米，反复用力压抹使其表面翻出浆液，如有气泡必须刺破压实；表面用烧热（不要发红）的铁抹压实抹光，应与原混凝土面齐平，结合紧密。

第四，环氧砂浆涂抹完后，应在表面覆盖塑料布及模板，再用重物加压，使环氧砂浆与混凝土结合完好，并应注意养护，控制温度，一般养护温度以 20±5℃为宜避免阳光直射。

第五，环氧砂浆涂抹施工应在气温 15～40℃的条件下进行。环氧砂浆应根据修理对象和条件按照设计要求配制。环氧砂浆每次配制的数量应根据施工能力确定，做到随用随配。

第六，施工现场必须通风良好：施工人员必须戴口罩和橡皮手套作业，严禁皮肤直接接触化学材料；使用工具以及残液残渣不得随便抛弃，防止污染水质和发生中毒事故。

采用 H52 系列防渗堵漏涂料处理面板裂缝时，应满足以下要求。

第一，混凝土表面处理。应清除疏松物、污垢，沿着裂缝凿成深 0.5 厘米、口宽 0.5 厘米的"V"形槽，对裂缝周围 0.2 米范围内的混凝土表面进行轻微粗糙化处理。

第二，涂料配制。将甲、乙两组原料混合，并搅拌均匀，若发现颗粒和漆皮，要用 80～120 目的铜丝网或者不锈钢丝网进行过滤。

第三，涂料涂抹。用毛刷将配制好的涂料直接分次分层均匀涂刷于裂缝混凝土表面，每次间隔 1～3 小时。

第四，涂料配制数量。应根据施工能力，用量按每次配料 1 小时内用完的原则配制。

第五，涂抹后的养护。在涂料未实干前，应避免受到雨水或其他液体冲洗和人为损坏。

第六，涂料应存放于温度较低、通风干燥之处，远离火源，避免阳光直射；涂料配制地点和施工现场应通风良好；施工人员操作时，应戴口罩和橡皮手套。

（3）表面粘补技术要求

表面粘补材料：应根据具体情况和工艺水平，选用橡皮、玻璃布等止水材料以及相应的胶黏剂进行表面粘补。

采用橡皮进行表面粘补的要求。

第一，粘贴前应进行凿槽：一般槽宽 14～16 厘米，槽深 2 厘米，长度超过损坏部位两端各 15 厘米，并清洗干净，保持干燥。

第二，基面找平：在干燥后的槽面内，先涂刷一层环氧基液，再用膨胀水泥砂浆找平，待表面凝固后，洒水养护 3 天。

第三，粘贴前橡皮的处理：按需要尺寸准备好橡皮，先放入比重为 1.84 的浓硫酸溶液中浸泡 5～10 分钟，再用水冲洗干净，待晾干后才能粘贴。

第四，粘贴橡皮：先在膨胀水泥砂浆表面涂刷一层环氧基液，再沿伸缩缝走向放一条高度与宽度均为 5 毫米的木板条，其长度与损坏长度一致；再按板条高度铺填一层环氧砂浆，将橡皮粘贴面涂刷一层环氧基液，从伸缩缝处理部位的一段开始将橡皮铺贴在刚铺填好的环氧砂浆上，铺贴时要用力压实，直到将环氧砂浆从橡皮边缘挤出。

第五，加重压力：在粘贴好的橡皮表面盖上塑料布，再堆沙加重加压，增强粘补效果。

第六，护面：待粘贴的环氧砂浆固化后，撤除加压物料，沿着橡皮表面再涂抹一层环氧基液，上面再铺填一层环氧砂浆，并用铁抹压实抹光，表面与原混凝土面齐平。

采用玻璃布进行表面粘补的要求。

第一，粘补前，应对玻璃布进行除油蜡处理。可将玻璃布放入碱水中煮沸 0.5～1 小时，用清水漂净，然后晾干待用。

第二，先将混凝土表面凿毛，冲洗干净。凿毛面宽 40 厘米，长度应超过裂缝两端各 20 厘米；凿毛面干燥后，用环氧砂浆抹平。

第三，玻璃布粘贴层数视具体情况而定，一般 2～3 层即可。事先按照需要的尺寸将玻璃布裁剪好，第一层宽 30 厘米，长度按裂缝实际长度加两端压盖长各 15 厘米，第二、三层每层长度递增 4 厘米，以便压边。

第四，玻璃布的粘贴，应先在粘贴面均匀刷一层环氧基液，然后将玻璃布展开拉直，放置于混凝土面上，用刷子抹平玻璃布使其贴紧，并使环氧基液浸透玻璃布，接着在玻璃布上刷环氧基液，按同样方法粘贴第二、三层。

（4）凿槽嵌补技术要求

嵌补材料：根据裂缝和伸缩缝的具体情况，可选用 PV 密封膏、聚氯乙烯胶泥、沥青油膏等材料。

凿槽处理：嵌补前应沿着混凝土裂缝或伸缩缝凿槽，槽的形状和尺寸根据裂缝位置和所选用的嵌补材料而定；槽内应冲洗干净，再用高标号水泥砂浆抹平，干燥后进行嵌补。

采用 PV 密封膏嵌补时，应满足以下要求：混凝土表面必须干燥、平整、密实、干净。嵌填密封膏前，先用毛刷薄薄涂刷一层 PV 黏结剂，在黏结剂基本固化（时间一般不超过 1 天）后，即可嵌填密封膏。密封膏分为 A、B 两组，各组先搅拌均匀，按照需要的数量分别称量，导入容器中搅拌，搅拌时速度不宜太快，并要按同一方向旋转。搅拌均匀后（约 2～5 分钟），即可嵌填。嵌填时，应将密封膏从下至上挤压入缝内；待密封膏固化后，再于密封膏表面涂刷一层面层保护胶。

5. 坝体裂缝的修理

（1）坝体出现裂缝时的修理原则

对表面干缩、冰冻裂缝以及深度小于 1 米的裂缝，可只进行缝口封闭处理。

对深度不大于 3 米的沉陷裂缝，待裂缝发展稳定后，可采用开挖回填的方法修理。

对非滑动性质的深层裂缝，可采用充填式黏土灌浆或采用上部开挖回填与下部灌浆相结合的方法进行处理。

对土体与建筑物之间的接触缝，可采用灌浆处理。

（2）采用开挖回填方法处理裂缝时的要求

裂缝的开挖长度应超过裂缝两端 1 米，深度超过裂缝尽头 0.5 米；开挖坑槽底部的宽度至少 0.5 米，边坡应满足稳定要求，且通常开挖成台阶型，保证新旧填土紧密结合。

坑槽开挖应做好安全防护工作；防止坑槽进水、土壤干裂或冻裂；挖出的土料要远离坑口堆放。

回填的土料应符合坝体土料的设计要求；对沉陷裂缝应选择塑性较大的土料，并控制含水量大于最优含水量的 1%～2%。

回填时应分层夯实，特别注意坑槽边角处的夯实质量，要求压实厚度为填土厚度的 2/3。

对贯穿坝体的横向裂缝，应沿裂缝方向每隔 5 米挖"+"字形结合槽一个，开挖的宽度、深度与裂缝开挖的要求一致。

（3）采用充填式黏土灌浆处理裂缝时要求

根据隐患探测和坝体土质钻探资料分析成果做好灌浆设计。

布孔时，应在较长裂缝两端、转弯处及缝宽突变处布孔；灌浆孔与导渗、观测设施的距离不少于3米；灌浆孔深度应超过隐患1~2米。

造孔应采用干钻等方式按序进行；造孔应保证铅直，偏斜度不大于孔深的2%。

配制浆液的土料应选择具有失水性快、体积收缩小的中等黏性土料。一般黏粒含量在20%~45%为宜；在保持浆液对裂缝具有足够的充填能力条件下，浆液稠度越大越好，泥浆的比重一般控制在1.45~1.7之间；为使大小缝隙都能充填密实，可在浆液中掺入干料重的1%~3%的硅酸钠溶液（水玻璃）或采用先稀后浓的浆液；浸润线以下可在浆液中掺入干料重的10%~30%的水泥，以便加速凝固。浆液各项技术指标应按照设计要求控制。灌浆过程中，浆液容重和灌浆量每小时测定一次并记录。

⑤灌浆压力应在保证坝体的安全前提下，通过试验确定，一般灌浆管上端孔口压力采用0.05~0.3兆帕左右；施灌时应逐步由小到大，不得突然增加；灌浆过程中，应维持压力稳定，波动范围不超过5%。

⑥施灌时，应采用"由外到里、分序灌浆"和"由稀到稠、少灌多复"的方式进行，在设计压力下，灌浆孔段经连续3次复灌不再吸浆时，灌浆即可结束。

封孔应在浆液初凝后（一般为12小时）进行。封孔时，先扫孔到底，分层填入直径2~3厘米的干黏土泥球，每层厚度一般为0.5~1.0米，或灌注最优含水量的制浆土料，填灌后均应捣实，也可向孔内灌注浓泥浆。

裂缝灌浆处理后，应按照要求，进行灌浆质量检查。

雨季及库水位较高时，不宜进行灌浆。

6. 坝体渗漏修理

处理方法：坝体渗漏修理应遵循"上截下排"的原则。上游截渗通常采用抽槽回填、铺设土工膜、冲抓套井回填和坝体劈裂灌浆等方法，有条件的地方也可采用混凝土防渗墙和倒挂井混凝土圈墙等方法；下游导渗排水可采用导渗沟、反滤层导渗等方法。

（1）采用抽槽回填截渗处理渗漏时的要求

适用于渗漏部位明确且高程较高的均质坝和斜墙坝。

库水位应降至渗漏通道高程1米以下。

抽槽范围应超过渗漏通道高程以下1米和渗漏通道两侧各2米，槽底宽度不小于0.5米，边坡应满足稳定及新旧填土结合的要求，必要时应加支撑，确保施工安全。

回填土料应与坝体土料一致；回填土应分层夯实，每层厚度10~15厘米，压实厚度为填土厚度的 2/3；回填土夯实后的干容重不低于原坝体设计值。

（2）采用土工膜截渗时的要求

土工膜厚度应根据承受水压大小确定。承受 30 米以下水头的，可选用非加筋聚合物土工膜，铺膜总厚度 0.3～0.6 毫米。

土工膜铺设范围应超过渗漏范围四周各 2～5 米。

土工膜的连接一般采用焊接，热合宽度不小于 0.1 米；采用胶合剂粘接时，粘接宽度不小于 0.15 米；粘接可用胶合剂或双面胶布，粘接处应均匀、牢固、可靠。

铺设前应先拆除护坡，挖除表层土 30～50 厘米，清除树根杂草，坡面修整平顺、密实，再沿坝坡每隔 5～10 米挖一道防滑槽，槽深 1.0 米，底宽 0.5 米。

土工膜铺设时应沿坝坡自下而上纵向铺放，周边用"V"形槽埋固好；铺膜时不能拉得太紧，以免受压破坏；施工人员不允许穿带钉鞋进入现场。

回填保护层可采用沙壤土或沙，施工要与土工膜铺设同步进行，厚度不小于 0.5 米；在施工顺序上，应先回填防滑槽，再填坡面，边回填边压实；保护层上面再按设计恢复原有护坡。

（3）采用劈裂灌浆截渗时的要求

根据隐患探测和坝体土质钻探资料分析成果做好灌浆设计。

灌浆后形成的防渗泥墙厚度一般为 5～20 厘米。

灌浆孔一般沿坝轴线（或略偏上游）位置单排布孔，填筑质量差、渗漏水严重的坝段，可双排或三排布置；孔距、排距根据灌浆设计确定。

灌浆孔深度应大于隐患深度 2～3 米。

造孔、浆液配制及灌浆压力与坝体裂缝修理的要求一致。

灌浆应先灌河槽段，后灌岸坡段和弯曲段，采用"孔底注浆、全孔灌注"和"先稀后稠、少灌多复"的方式进行。每孔灌浆次数应在 5 次以上，两次灌浆间隔时间不少于 5 天。当浆液升至孔口，经连续复灌 3 次不再吃浆时，即可终止灌浆。

有特殊要求时，浆液中可掺入占干土重的 0.5%～1% 水玻璃或 15% 左右的水泥，最佳用量可通过试验确定。

雨季及库水位较高时，不宜进行灌浆。

（4）采用导渗沟处理渗漏时的要求

导渗沟的形状可采用"Y""W""I"等形状，但不允许采用平行于坝轴线的纵向沟。

导渗沟的长度以坝坡渗水出溢点至排水设施为准，深度为 0.8～1.0 米，宽度为 0.5～0.8 米，间距视渗漏情况而定，一般为 3～5 米。

沟内按滤层要求回填砂砾石料，填筑顺序按粒径由小到大、由周边到内部，分层填筑成封闭的棱柱体；也可用无纺布包裹砾石或砂卵石料，填成封闭的棱柱体。

导渗沟的顶面应铺砌块石或回填黏土保护层，厚度为 0.2～0.3 米。

（5）采用贴坡式砂石反滤层处理渗漏时的要求

铺设范围应超过渗漏部位四周各 1 米。

铺设前应清除坡面的草皮杂物，清除深度为 0.1～0.2 米。

滤料按砂、小石子、大石子、块石的次序由下至上逐层铺设；砂、小石子、大石子各层厚度为 0.15～0.2 米，块石保护层厚度为 0.2～0.3 米。

经反滤层导出的渗水应引入集水沟或滤水坝趾内排出。

（6）采用土工织物反滤层导渗处理渗漏时的要求

①铺设前应清除坡面的草皮杂物，清除深度为 0.1～0.2 米。

②在清理好的坡面上满铺土工织物。铺设时，沿水平方向每隔 5～10 米做一道"V"形防滑槽加以固定，以防滑动；再满铺一层透水砂砾料，厚度为 0.4～0.5 米，上压 0.2～0.3 米厚的块石保护层。铺设时，严禁施工人员穿带钉鞋进入现场。

③土工织物的连接可采用缝接、搭接或粘接等方式。缝接时，土工织物重压宽度 0.1 米，用各种化纤线手工缝合 1～2 道；搭接时，搭接面宽度 0.5 米；粘接时，粘接面宽度 0.1～0.2 米。

④导出的渗水应引入集水沟或滤水坝趾内排出。

第二节　水利工程的调度运用技术

水利工程调度过程中，难免伴随着一定的风险。采用科学合理的调度技术，不仅能够有效降低风险，还能提高工作效率，达到提高水利工程调度安全的目的，这对现代水利工程治理至关重要。

一、水库的调度运用

（一）水库调度运用的原则

水库调度运用的原则是在保证水库工程安全的前提下，结合下游河道安全泄量的实际情况，根据水库工程任务，按照局部服从整体、兴利服从防洪的原则进行调度。

（二）防汛工作

按照"以防为主，防重于抢"的方针，落实防汛工作。

每年汛前，管理单位应做好以下主要工作。

第一，健全防汛组织机构（防汛领导组织机构、防汛责任部门、抢险队伍等），保持指挥调度顺畅。

第二，制定防汛制度、措施和防汛应急预案。

第三，检查有关建筑物（施工围堰、防洪墙等），以满足度汛要求。

第四，检查动力、通信、交通、供水、排水、消防等设施，同时保证抢险物资准备到位。

第五，对有可能诱发山体滑坡、泥石流、雷击等灾害的作业点，提前撤离人员并制定应急措施。

第六，对受洪水影响的营地和大型设备采取相应的措施。

第七，在受洪水危害的施工道路上设立警示标志。

汛期，管理单位应做好以下主要工作。

第一，掌握雨情、水情及天气情况。保持信息畅通，及时发布有关洪水的气温、风、降水、冰雪、水位、潮位、流量等气象水文情况，对可能产生的洪峰、增水、洪量等水情进行预报。视水情严重程度，必要时可发布警报。

第二，调度洪水。依据水情、工程情况以及防汛调度方案，运用已建的各种防洪工程进行防洪调度。在须要运用分洪、蓄洪、滞洪措施时，及时果断做出决定，下达命令，按时、按量分洪、蓄洪。

第三，工程守护。管理单位组织防汛人员不间断地巡查和防守堤、坝、涵闸等工程，及时发现险情，分析原因，正确判断，拟抢护方案，组织抢护；加强对工程和水流情况的巡视检查，安排专人值班防守；警戒水位以下，一般由专业人员防守；超出警戒水位，组织防汛人员防守。

第四，应急措施。遇有超标准洪水，在人力不能抗御时，管理单位应请示上级同意，按照批准的紧急措施方案和规定的程序，及时执行临时扒口等分洪紧急措施。泄洪时，应提前通知下游，对淹没区或可能被淹区内的居民进行转移安置，尽量减少损失，避免人员伤亡。

第五，抢险。对于险情，要早发现、早解决。大多数险情都是由小变大的，应防患于未然。对已经影响到工程安全的险情，要立刻上报上级主管部门，并组织抢险工作，尽力减少险情带来的危害。

汛后，管理单位应做好以下主要工作。

第一，全面检查防洪工程，对防汛工作中的不足之处或教训进行检讨，认真总结经验教训。

第二，由于时间紧、任务重，汛期抢险工程多为临时性质的工程。为确保安全，一些地段要重新维修加固，避免灾害发生。

当水库遭遇超标洪水或重特大险情时，管理单位应立即采取行动，按照之前制订的防洪预案组织开展抢险工作，同时向下游发出警报，使地方上能快速采取有效措施，转移群众，紧急避险。

（三）防洪调度

水库防洪调度的概念：利用水库的调蓄作用和控制能力，有计划地控制调节洪水，以避免下游防洪区的洪灾损失。不承担防洪任务的水库为保证工程本身的防洪安全而采取的调度措施，通常也称为水库防洪调度。

水库防洪调度应遵循下列原则：处理好防洪与兴利之间的关系，平时防洪兼顾兴利，汛期兴利服从防洪；防洪时，必须重视工程安全；编制、执行防洪调度方案，严格按照流程办理；由于基本资料、水情预报、调度决策等可能存在误差，运行时更应谨慎处理。

防洪调度方式：当水库对下游无防洪任务时，只须处理好水库安全度汛事宜，在水库水位达到一定高程后可以泄洪；当水库对下游有防洪任务时，除了考虑水库安全度汛外，还要考虑下游地区的防洪安全；在水库防洪标准以下时，按下游防洪要求进行调度；当水量太大超过水库防洪标准时，应以水库安全为先，在保证大坝安全的前提下进行调度。

防洪调度方案应包括明确各防洪特征水位、制定实时调度运用方式、制定防御超标洪水的非常措施、明确实施水库防洪调度计划的组织措施和调度权限等方面。

水库管理单位应根据雨情、水情的变化及时修正和完善洪水预报方案。水库管理单位应按照批准的防洪调度方案科学、合理实施调度。

当入库洪峰没有达到最高标准时，应提前降低库内水位，预留足够的防洪库容，以保证水库安全。

（四）兴利调度

水库兴利调度应遵循以下原则。

第一，在满足城乡居民生活用水的基础上，同时兼顾工业、农业、生态环保等其他方面的需求，最大限度地合理、综合利用水资源。

第二，计划用水、节约用水。

兴利调度方式包括灌溉、发电、供水、航运等方面，一般要求尽量提高需水期的供水量，常采用以实测入库径流资料为依据绘制的水库调度图进行调度，以具体控制水库的供水量。调度图由调度线划分为若干个运行区，具体如下。

第一，以保证正常供水为目标的保证运行区。

第二，以充分利用多余水量扩大效益为目标的加大供水区。

第三，遇枯水年降低供水量幅度以尽量减少损失的降低供水区。在运行中由库水位所在运行区决定水库的运行方式及供水量。对于发电方面，除了尽可能减少弃水、充分利用水量以外，还要十分注意利用水头的问题。

兴利调度方案应包括以下内容。

第一，当年水库蓄水及来水的预测。

第二，进行协调后，初定各用水单位对水库供水的要求。

第三，拟定水库各时段的水位控制指标。

第四，制订年（季、月）的具体供水计划。

实施兴利调度时，管理单位应实时调整兴利调度计划，并报主管部门备案。当遭遇特殊干旱年，应重新调整供水量，报主管部门核准后执行。

（五）控制运用

水库管理单位应按照已批准的防洪和兴利调度计划，或者是上级主管部门下达的指令，实施涵闸的控制运用。执行完毕后，应向上级主管部门报告。

溢洪闸须超标准运用时应按批准的防洪调度方案执行。

汛期内，除设计上兼有泄洪功能的输水涵洞可用来泄洪外，其他输水涵洞不得进行泄洪操作。

闸门操作运用应符合下列要求。

第一，当初始开闸或较大幅度增加流量时，应采取分次开启的方法，使过闸流量与下游水位相适应。

第二，闸门开启高度应避免处于发生振动的位置。

第三，过闸水流应保持平稳，避免发生集中水流、折冲水流、回流、漩涡等不利流态。

第四，关闸或减少泄洪流量时，应避免下游河道水位降落过快。

第五，输水涵洞应避免洞内长时间处于明满流交替状态。

闸门开启前应做好下列准备工作。

第一，检查闸门启闭状态有无卡阻。

第二，检查启闭设备、仪表是否正常运行，是否符合安全运行要求。

第三，了解闸门的开度位置以及水闸内外水位情况。

第四，检查两侧闸槽内有无异物，检查闸下溢洪道及下游河道有无阻水障碍。

闸门操作应遵守下列规定。

第一，多孔闸闸门应按设计提供的启闭要求及闸门操作规程进行操作运用，一般应同时分级均匀启闭，不能同时启闭的，开闸时应先中间、后两边，由中间向两边依次对称开启；关闸时应先两边、后中间，由两边向中间依次对称关闭。

第二，电动、手摇两用启闭机在采用人工启门前，应先断开电源；闭门时禁止松开制动器使闸门自由下落，操作结束后应立即取下摇柄。

第三，两台启闭机控制一扇闸门的，应保持同步；一台启闭机控制多扇闸门的，闸门开高应保持相同。

第四，闸门启闭时必须两人上岗。一人操作闸门运行，一人观察瞭望，在闸门运行过程中不得擅自离开操作室。操作过程中，如发现闸门有沉重、停滞、卡阻、杂声等异常现象，应立即停止运行，并进行检查处理。

第五，使用液压启闭机，当闸门开启到预定位置而压力仍然升高时，应立即控制油压。

第六，当闸门开启接近最大开度或关闭接近底槛时，应加强观察并及时停止运行；闸门关闭不严时，应查明原因进行处理；使用螺杆启闭机的，应采用手动关闭。

第七，闸门运行时如发生突然停电，操作人员不得擅自拆修，应先切断电源后，向上级部门汇报，交由专业电工进行检修。

采用计算机自动监控的水闸应根据工程的具体情况，制定相应的运行操作和管理规程。

（六）冰冻期间运用

闸门防冰冻是指防止冰盖的静压力、水流的冲击力作用在闸门上；防止冰团、冰凌、冰块堵塞闸门；防止闸门活动部分与埋固部分冻结在一起，以及闸门埋固件工作表面结冰等，影响闸门在冬季的正常运行。在寒冷地区，无论露顶闸门还是潜孔闸门，在冰冻区都要采取有效的闸门防冰冻措施，以保证闸门正常的启闭。水库管理单位应在每年11月底前制订冬季保护计划，做好防冰冻的准备工作。

冰冻期间应因地制宜地采取有效的防冻措施，防止建筑物及闸门受冰压力损坏和冰块撞击。一般可采取在建筑物及闸门周围凿1米宽的不冻槽，内置软草或柴捆的防冻措施。闸门启闭前，应消除闸门周边和运转部位的冻结。

解冻期间溢洪闸如需泄水，应将闸门提出水面或小开度泄水。

雨雪过后应立即清除建筑物表面及其机械设备上的积雪和积水，防止设备受损。备用发电机组在不使用时，应采取防冻措施。

（七）洪水调度考评

水库管理单位应根据《水库洪水调度考评规定》，在汛后或年末对水库洪水调度工作进行自我评价。水库洪水调度考评包括基础工作、经常性工作、洪水预报、洪水调度等内容。

二、水闸的控制运用

（一）一般规定

水闸管理单位应根据水闸规划设计要求和本地区防汛抗旱调度方案制定水闸控制运用原则或方案，报上级主管部门批准。水闸的控制运用应服从上级防汛指挥机构的调度。

水闸的控制运用应符合下列原则。

第一，局部服从全局，兴利服从抗灾，统筹兼顾。

第二，综合利用水资源。

第三，按照有关规定和协议合理运用。

第四，与上下游和相邻有关工程密切配合运用。

水闸控制运用管理内容：

第一，水闸调度模式。

在控制运用方法的基础上，在汛期，调度工作要由省级防汛部门对整个省的防洪调度工作负责，而在非汛期，则要由水闸所在地市防汛部门负责。如果有防污调度相关任务，则要由当地水务（水利）局直接向水闸单位进行调度。

第二，控制运用原则。

水闸单位要按照局部服从全局、全局照顾局部的原则开展工作，保证在统筹兼顾的基础上实现本地区水资源的综合利用。同时，要按照上级批准的协议以及控制运用方式对措施进行科学的选择和应用，保证在实际工作开展中水闸能够同上下游水利工程进行密切的配合性应用。此外，水闸调度要能够对河道上下游等方面的需求进行综合联系，按照排污调污、泄洪排涝的原则进行水源排放，而在蓄水方面则要能够对当地灌溉、工业生产以及居民的日常生活进行充分考虑。

第三，控制运用指标。

在水闸控制运用中，控制运用指标不仅是重要的控制条件，还是在实际工作开展中对工程安全性进行判别，保证其效益能够获得充分发挥的重要依据。在水闸调度中，用作控制条件的一系列特征水位与流量主要有上游最高、最低水位，最大过闸流量及相应单宽流量，最大水位差，正常引水流量以及蓄水位。

第四，控制运用计划。

在每年初，水闸单位都要联系控制运用指标和工程相关合理要求以及具体情况，在对当地工程运用经验、历史水文规律以及水情预报进行参照的基础上上报上级单位批准实施控制运用计划。计划中包括的内容有不同时期流量、运行方式以及控制水位等。

水闸管理单位应根据规划设计的工程特征值，结合工程现状确定下列有关指标，作为控制运用的依据。

第一，上下游最高水位、最低水位。

第二，最大过闸流量、相应单宽流量及上下游水位。

第三，最大水位差及相应的上下游水位。

第四，上下游河道的安全水位和流量。

第五，兴利水位和流量。

须确定控制运用计划的水闸管理单位，应按年度或分阶段制订控制运用计划，报上级主管部门批准后执行。

水闸的控制运用应按照批准的控制运用原则、用水计划或上级主管部门的指令进行，不得接受其他任何单位和个人的指令。对上级主管部门的指令应详细记录、复核；执行完毕后，应向上级主管部门报告。承担水文测报任务的管理单位还应及时发送水情信息。

当水闸确须超标准运用时，水闸管理单位应进行充分的分析论证和复核，提出可行的运用方案，报上级主管部门批准后施行。运用过程中应加强工程观测，发现问题及时处置。

有淤积的水闸应优化调度水源，扩大冲淤水量，并采取妥善的方式防淤减淤。

水闸泄流时，应防止船舶和漂浮物影响闸门启闭或危及闸门、建筑物安全。

通航河道上的水闸管理单位应及时向有关单位通报有关水情。

（二）各类水闸的控制运用

1. 节制闸的控制运用应符合下列要求

根据河道来水情况和用水需要，适时调节上下游水位和下泄流量。

当出现洪水时，及时泄洪；适时拦蓄尾水。

2. 分洪闸的控制运用应符合下列要求

当接到分洪预备通知后，应立即做好开闸前的准备工作。

当接到分洪指令后，必须按时开闸分洪。开闸前，鸣笛预警。

分洪初期，应严格按照实施细则的有关规定进行操作，并严密监视消能防冲设施的安全。

分洪过程中，应做好巡视检查工作，随时向上级主管部门报告工情、水情变化情况，及时执行调整水闸泄量的指令。

3. 排水闸的控制运用应符合下列要求

冬春季节控制适宜于农业生产的闸上水位；多雨季节遇有降雨天气预报时，应适时预降内河水位；汛期应充分利用外河水位回落时机排水。

双向运用的排水闸在干旱季节应根据用水需要适时引水。

蓄、滞洪区的退水闸应按上级主管部门的指令按时退水。

4. 引水闸的控制运用应符合下列要求

根据需水要求和水源情况，有计划地进行引水；如外河水位上涨，应防止超标准引水。

水质较差或河道内含沙量较高时，应减少引水流量直至停止引水。

5. 挡潮闸的控制运用应符合下列要求

排水应在潮位落至与闸上水位相平后开闸，在潮位涨至接近闸上水位时关闸，防止海水倒灌。

根据各个季节供水与排水等不同要求，应控制适宜的内河水位，汛期有暴雨预报，应适时预降内河水位。

汛期应充分利用泄水冲淤；非汛期有冲淤水源的，宜在大潮期冲淤。

6. 橡胶坝的控制运用应符合下列要求

严禁坝袋超高超压运用，即充水（充气）不得超过设计内压力，单向挡水的橡胶坝，严禁双向运用。

坝顶溢流时，可通过改变坝高来调节溢流水深，从而避免坝袋发生振动。

充水式橡胶坝冬季宜坍坝越冬；若不能坍坝越冬，应在临水面采取防冻破冰措施；冬季冰冻期间，不得随意调节坝袋；冰凌过坝时，对坝袋应采取保护措施。

橡胶坝挡水期间，在高温季节为降低坝袋表面温度，可将坝高适当降低，在坝顶上面短时间保持一定的溢流水深。

（三）闸门操作运用

闸门操作运用应符合下列基本要求。

第一，过闸流量应与下游水位相适应，使水跃发生在消力池内；当初始开闸或较大幅度增加流量时，应采取分次开启办法，每次泄放的流量应根据"始流时闸下安全水位—流量关系曲线"确定，并根据"闸门开高—水位—流量关系曲线"确定闸门开高；每次开启后须等闸下水位稳定后才能再次增加开启高度。

第二，过闸水流应平稳，避免发生集中水流、折冲水流、回流、漩涡等不良流态。

第三，关闸或减少过闸流量时，应避免下游河道水位降落过快。

第四，应避免闸门开启高度在发生振动的位置。

闸门启闭前应做好下列准备工作。

第一，检查上下游管理范围和安全警戒区内有无船只、漂浮物或其他阻水障碍，并进行妥善处理。

第二，闸门开启泄流前，应及时发出预警，通知下游有关村庄和单位。

第三，检查闸门启闭状态，有无卡阻。

第四，检查机电等启闭设备是否符合安全运行要求。

第五，观察上下游水位、流态，查对流量。

多孔水闸的闸门操作运用应符合下列规定。

第一，多孔水闸闸门应按设计提供的启闭要求或管理运用经验进行操作运行，一般应同时分级均匀启闭；不能同时启闭的，应由中间向两边依次对称开启，由两边向中间依次对称关闭。

第二，多孔闸闸下河道淤积严重时，可开启单孔或少数孔闸门进行适度冲淤，但应加强监视，严防消能防冲设施遭受损坏。

闸门操作应遵守下列规定。

第一，应由熟练人员进行操作、监护，做到准确及时。

第二，电动、手摇两用启闭机人工操作前，必须先断开电源；关闭闸门时严禁松开制动器使闸门自由下落；操作结束，应立即取下摇柄。

第三，有锁定装置的闸门，关闭闸门前应先打开锁定装置；闸门开启时，待锁定可靠后，才能进行下一孔操作。

第四，两台启闭机控制一扇闸门的，应严格保持同步；一台启闭机控制多扇闸门的，闸门开高应保持相同。

第五，闸门正在启闭时，不得按反向按钮；如须反向运行，应先按停止按钮，然后才能反向运行。

第六，运行时如发现异常现象，如沉重、停滞、卡阻、杂声等，应立即停止运行，待检查处理后再运行。

第七，使用液压启闭机，当闸门开启到达预定位置而压力仍然升高时，应立即控制油压。

第八，当闸门开启接近最大开度或关闭接近底板门槛时，应加强观察并及时停止运行；遇有闸门关闭不严现象，应查明原因进行处理；使用螺杆启闭机的，禁止强行顶压。

闸门启闭结束后，应核对启闭高度、孔数，观察上下游流态，并填写启闭记录，内容包括启闭依据、操作人员、操作时间、启闭顺序及历时、水位、流量、流态、闸门开高、启闭设备运行情况等。

采用计算机自动监控的水闸，应根据本工程的具体情况，制定相应的运行操作和管理规程。

三、现代水网的调度

现代水网的诞生是人类社会进步的产物，也是水利事业发展的结果。为解决我国部分区域供水紧张的问题，诸多跨流域调水工程相继建设。进入 21 世纪后，南水北调东线、中线工程相继完工，这不仅改变了我国水利工程的格局，还凸显了水资源网络思想。更多具有网状结构的水利工程被规划出来，大小河流、湖泊、水库、调水工程、输水渠道、供水管道等交错连接，预示着水资源系统已经步入现代化的网络时代，也奠定了现代化水网系统的工程基础。

（一）现代水网的概念

现代水网是指在现有水利工程架构的基础上，以现代治水理念为指导，以现代先进技术为支撑，通过建设一批控制性枢纽工程和河湖库渠连通工程，将水资源调配网、防洪调度网和水系生态保护网"三网"有机融合，使之形成集防洪、供水、生态等多功能于一身的复合型水利工程网络体系。以往采用单一的工程调度难以有效实现洪水资源化，而通过现代水网调度则可以扬长避短，使这种特殊的水资源在短时间内融入水资源调配体系，得到有效利用。由此可见，现代化水网调度是最大限度实现洪水资源化最根本、最重要的途径之一。

一个完整的现代化水网体系包括水源、工程、水传输系统、用户、水资源优化配置方案和法律法规六大要素，其中水源、工程、水传输系统和用户是"外在形体"，水资源优化配置方案和法律法规是"内在精神"，水资源优化配置方案是现代化水网效益发挥的关键所在。该系统所依托的工程涉及为实现水资源引、提、输、蓄、供、排等环节所建设的所有单项工程，包括饮水工程（闸、坝等）、提水工程（泵站、机井、大口井等）、输水工程（河道、渠道、隧洞、渡槽等）、蓄水工程（水库、塘坝、拦河闸坝、湖泊等）、供水工程、排水工程等所有工程网络架构，具有实现水资源最优化配置的优势。水资源优化配置方案即所有调水规则的总和。

（二）现代水网的内涵

现代水网是水资源供给网络、防洪工程网络、水系生态网络的综合体。在水网系统中，供水保障体系、防洪减灾体系、生态保障体系是其构成单元，河道、渠道、水库、灌区、海堤等工程是各单元的组成要素，要素之间相互关联，充分发挥水功能、突出水生态、提升水管理、融合水信息、实现水安全、体现水景观、弘扬水文化、服务水经济，建设具有地方特色的现代水网。

现代水网以统筹解决水资源短缺、水生态脆弱、水灾害威胁三大问题为目标。现代水网着重统筹解决水资源时空分布和社会需求不匹配的矛盾，解决大量洪水资源得不到利用与水资源短缺之间的矛盾，解决人水争地、人地争水造成河湖萎缩、生态恶化的矛盾。

现代水网在保障防洪安全的基础上，突出生态环境的修复和改善。水资源是一切生命和生态环境演化所依赖的基本要素，"三网融合"的现代水网便是通过建立长效的生态用水保障机制，维持生态环境的良性循环，从而支撑经济社会的可持续发展的。

现代水网具有水资源综合利用的多目标关联特性。现代水网通常具有供水、防洪、排涝、发电、航运、生态环境保护、观光旅游等多目标特性。同时，这些目标之间存在着相互关联、相互促进以及相互竞争的关系。"三网融合"的现代水网涉及水资源、经济、社会和生态环境领域，其规划和管理的是复杂大系统的多层次、多目标决策问题。

现代水网注重水利工程多功能的特点，充分发挥其综合功能、复合效益。所有水利工程都是网络的一个组成部分，其功能要着眼于它在整个网络中的地位进行通盘考虑，不能就供水说供水、就防洪说防洪、就生态说生态，不能只看局部不看整体、只看眼前不看长远，而应该在每一项水利工程的规划、设计、建设、管理等各个环节都要从总体上进行定位，要尽可能兼顾供水、生态、景观、交通、城市建设等多方面的要求，实现一渠多用、一河多用、一库多用，把人工工程和自然水系紧密结合起来。

现代水网在水利建设上，要做到统一规划设计、统一建设管理、统一调度运行。在规划上，要加强顶层设计，统筹规划，把水利发展的蓝图谋划好，重点把那些在水网布局中起到关键作用的控制性水利枢纽、骨干调水工程定好位，确立其功能要求。在调度管理上，要充分利用先进的科技手段和管理手段，在防洪调度、水资源配置、生态修复上有所突破。

（三）现代水网的特征

与传统意义上的水网相比，现代水网具有六个特征：一是多功能性。现代水网集防洪、发电、供水、航运、水土保持等多种功能于一身。二是系统性。现代水网系统内各组成部分联系紧密，统一规划，统筹安排。三是安全性。现代水网在应对自然灾害时，能充分利用资源，提供可靠的工程保障体系。四是互通性。现代水网通过联通水利枢纽工程与河湖水系，实现多部门互通。五是智能性。现代水网利用先进科学技术，迈入了数字化时代，被打造成智慧水网。六是开放性。作为一个开放性系统，现代水网服务于全流域的人民群众，对外公开。

（四）现代化水网调度

现代化水网调度是指现代化水网系统中的水资源优化配置，就是在全社会范围内通过水资源在不同时间、不同地域、不同部门间的科学、合理、实时调度，以尽可能小的代价获得尽可能大的利益。对于洪水资源化而言，现代化水网正好提供了一个解决水多与水少矛盾的最佳平台。在确保防洪安全的前提下，改变以往将洪水尽快排走、入海为安的做法，将其纳入整个现代化水网体系中，运用既定的水资源优化配置方案进行科学调度，逐级调配、吸纳、消化，既将洪水进行削峰、错时、阻滞，又将洪水资源进行调配、利用，一举两得。

现代水网是一个立体的系统工程，若与水行政管理统一起来，可分为省级水网、市级水网和县级水网。省级现代化水网利用大中型水库、闸坝等工程设施对水量进行调蓄，实现水资源优化配置和调度。市级现代化水网主要是实现县区间的水资源配置，根据市级自身特点，推行多样化网络构建形式，一方面合理分配省级网络确定的外调水资源，另一方面科学调度本市自身的各类水资源。县级现代化水网主要是实现县域范围内各部门间的水资源优化配置和调度，在工程上可不拘泥于形式，一切以水资源的优化利用为导向。各级水网均具有各自的功能与定位，着眼大局和长远利益，实现水资源的优化调度。

此外，在现代化水网调度中，水库河道联合调度尤为重要，以便在优先保障防洪安全的前提下，尽量做到雨洪资源的最大利用。

第五章 水利工程运行防范与应急

第一节 过程安全控制

一、调度运行

科学合理的调度运行是保证水利工程安全和人民生命财产安全的必然要求。

(一) 调度依据

主要根据水文资料及规划设计的特征值进行。如某泵闸水利枢纽的调度依据：

根据水文资料以及规划设计的特征值，下列指标作为泵站控制运用的依据：上游最高水位为 3.0 m，最低水位为 0.5 m，下游百年一遇高潮位为 6.41 m，三百年一遇高潮位为 6.82 m，最低潮位为-1.0 m；设计排涝时，水位组合上游为 0.5 m，下游（长江）为 3.73 m；设计灌溉时，水位组合上游为 2.0 m，下游为 0.5；设计灌溉、排涝时流量为 300 m^3/s，自流引江流量为 160 m^3/s。

根据水文资料以及规划设计的特征值，下列指标作为水闸控制运用的依据：上游最高水位为 3.0 m，最低水位 0.5 m，下游百年一遇高潮位为 6.41 m，三百年一遇高潮位为 6.82 m，最低潮位为-1.0 m，节制闸设计水位组合上游为 2.0 m，下游为 2.06 m；校核水位组合上游为 1.0 m，下游为 6.82 m，节制闸最大过闸流量为 440 m^3/s；调度闸设计水位上游为 1.0 m、下游为 1.05m 时，相应过闸流量为 100 m^3/s；送水闸设计水位上游为 2.8 m、下游为 2.9 m 时，相应过闸流量为 100 m^3/s。

(二) 调度准则

泵站在抢排涝水期间，应按泵站最大排水流量进行调度；灌溉时，应充分利用低扬程工况按水泵提水成本最低进行调度；按控制运用原则进行调度。应根据枢纽上下游水位、供用水需求、泵站设备和工程设施技术状况，进行泵站优化调度，尽可能实现最优经济运行。泵站运行调度的主要内容有：合理安排泵站机组的开机台数、顺序及水泵叶片角度的调节；泵站与其他相关工程的联合运行调度；泵站运行与供、排水计划的调配；在满足供、排水计划前提下，通过站内机组运行调度和工况调节，改善进、出水池流态，减少水力冲刷和水力损失。节制闸、送水闸、调度闸的控制运用应符合下列要求：根据省防指调度指令有计划地进行引水，防止超标准引水，充分利用潮差及时引水，做好开闸前的准备工作，开闸前应做好宣传工作，调度闸、送水闸应根据泵站主机灌排方向选择启闭状态。

（三）相关要求

为确保工程安全，充分发挥工程效益，实现工程管理的规范化、制度化，应制定调度规程和调度制度。水利工程的控制运用，应按照批准的控制运用原则、用水计划或上级主管部门的指令进行，不得接受其他任何单位和个人的指令。对上级主管部门的指令应详细记录、复核；汛期调度运用计划经批准后，由水库、水电站、拦河闸坝等工程的管理部门负责执行，执行完毕后，应向上级主管部门报告。

收到上级防办的调度指令时，必须立即汇报领导及工程管理部门负责人，并由防汛防旱办公室主任签发书面通知执行。设备初始运行、调整运行或停止运行时，由防汛防旱办公室通知相关基层工程单位主要负责人执行。各基层单位接到指令后，应立即执行，执行完毕后，须立即将执行情况反馈到防汛防旱办公室。

水文气象信息在水利工程的调度运行中具有重要价值，应完善水文气象信息传输方式，建立及时有效的信息交换系统，实现雨情、水情、旱情、风情、灾情等信息和预测预报成果的实时共享。充分利用各种通信手段，必要时要设立专用通信设施，保证水文气象信息传递及时准确。

运行调度应发挥工程的最大效益，并确保设备的安全运行，运行过程中，应密切注视水情的变化，根据水泵装置特征曲线，及时正确调整机组的运行参数，保证机组运行状态良好。

若水泵发生汽蚀和振动，应按改善水泵装置汽蚀性能和降低振幅的要求进行调度，投运机组台数少于装机台数的泵站，运行期间宜轮换开机。

泵站设备和工程设备在调度运行中，应加强巡视，密切观察并摘录运行的主要参数，发现异常及时处理，并上报主管部门。

水闸开闸前应及时与船闸联系，确保过往船只的安全，防止船舶进入安全警戒区，并确定闸室上下游无渔民和影响闸门启闭的漂浮物。

二、防洪度汛

（一）度汛准备

制定度汛实施细则、技术措施和超标准洪水的度汛预案，防汛预案按照"安全第一，常备不懈，以防为主，全力抢险"的工作方针，做到责任到位、指挥到位、人员到位、物资到位、措施到位、抢险及时，保证汛期水利工程安全正常运行。

防汛物资实行分级负担、分级储备、分级使用、分级管理、统筹调度的原则。建立防汛物资设备台账，物资设备台账应载明物资设备的种类、规格、数量、存放地点及管理责任人。对需要定期检查试车的抢险设备要做好检查记录。

落实防汛人员安排和防汛物资的准备工作，建立健全防汛抢险队伍，明确分工和职责，做好防汛设备、设施和防汛物资的维护保养工作，定期检查防汛物资，确保防汛物资储备充足、可靠，防汛物资按防办要求实行统一调配，汛前组织防汛抢险演练，提高应急抢险能力。

采取分级负责的原则，由防汛抗旱指挥机构统一组织培训，培训工作应做到合理规范课程、考核严格、分类指导，保证培训工作质量；培训工作应结合实际，采取多种组织形式，定期与不定期相结合，每年汛前至少组织一次培训；防汛抗旱指挥机构应定期举行不同类型的应急演习，以检验、改善和强化应急准备和应急响应能力；专业抢险队伍必须针对当地易发生的各类险情有针对性地每年进行抗洪抢险演习；多个部门联合进行的专业演习，一般 2～3 年举行一次，由省级防汛抗旱指挥机构负责组织。

对于存在险工、隐患的工程，要完善工程险工、隐患图表，制订度汛措施和应急抢险预案，明确和落实每个险工、隐患具体的防汛行政负责人、技术责任人和巡查、防守人员及其巡查路线、频次，并进一步细化抢险物资储备和抢险队伍组织工作；对排查出的各类度汛险工隐患，要完善细化工程险工、隐患图表，制定应急处置方案，一时难以解决的要落实有效措施，完善度汛预案的可操作性，确保防汛安全。一旦发生险情，迅速启动应急预案，及时有效处置。

（二）安全度汛

度汛期间服从上级防汛指挥中心的指挥和调度，执行调度命令，严格防汛值班制度，值班人员实行 24 小时值守，密切监视雨情、汛情、工情变化，做好信息反馈，及时接受和下达省防指调度，并做好值班记录。单位领导要亲自带班，确保汛情发生时，能够第一时间赶赴现场指挥工作，所有人员服从统一调度，顾全大局，绝不能推诿扯皮，贻误时机，否则，追究其责任人责任。各有关部门应加强日常检查、定期检查，在台风或暴雨等极端天气前后进行特别巡视检查，遇有险情及时上报。相关部门应密切关注气象动态和水情变化，加强预测研判，提前做好机组运行、人员调配、船舶应急调度等准备工作。各级防汛抢险小组面对汛情、灾情要立即采取有力措施，服从统一指挥，必要时启动防汛抢险工作应急预案。防汛期间做好职工防暑降温和个人防护措施，确保无疫情、食物中毒、中暑等现象的发生。

主汛期严格落实项目施工安全措施，在危险区域的施工设备、人员撤离到安全区域，六级以上大风应停止高空作业，切断临时电源，人员应及时撤离到安全地带，露天机电设备做好防潮措施；加强汛期安全保卫工作。度汛期间，加强上下游河道水上作业安全管理，严禁在上下游行洪区域捕鱼、停泊船只，严禁破坏工程安全设施和堤防取土行为。

发生超标洪水时，应加强对工程设备设施的安全监测，加强对堤防、闸站工程、安全设施的特别巡视检查，如发现隐患应及时上报。做好上下游河道的清理工作，清除阻碍行洪的障碍物，做好抢险准备工作，抢险人员保持 24 小时待命，随时准备接受抢险任务。准备好足够的防汛物资，根据指挥部命令装车待命，保证以最快的速度投入防洪抢险。

加强汛后检查，总结度汛经验。做好防汛设备设施、抢险物资的入库、维修保养工作。做好部门防汛抢险人员数量、机械台班、工程数量、资金投入等的统计工作，及时上报。

三、工程范围安全保护

水利工程范围的管理和保护的要点如下。

工程管理和保护范围内禁止下列行为：禁止损坏涵闸、抽水站、水电站等各类建筑物及机电设备、水文、通信、供电、观测等设施；禁止在堤坝、渠道上扒口、取土、打井、挖坑、埋葬、建窑、垦种、放牧和毁坏块石护坡、林木草皮等其他行为；禁止在水库、湖泊、江河、沟渠等水域炸鱼、毒鱼、电鱼；禁止在行洪、排涝、送水河道和渠道内设置影响行水的建筑物、障碍物或种植高秆植物；禁止向湖泊、水库、河道、渠道等水域和滩地倾倒垃圾、废渣、农药，排放油类、酸液、碱液、剧毒废液及《中华人民共和国环境保护法》《中华人民共和国水污染防治法》禁止排放的其他有毒有害的污水和废弃物；禁止擅自在水利工程管理范围内盖房、圈围墙、堆放物料、开采沙石土料、埋设管道、电缆或兴建其他的建筑物。在水利工程附近进行生产、建设的爆破活动，不得危害水利工程的安全；禁止擅自在河道滩地、行洪区、湖泊及水库库区内圈坪、打坝；禁止拖拉机及其他机动车辆、畜力车雨后在堤防和水库水坝的泥泞路面上行驶；禁止任意平毁和擅自拆除、变卖、转让、出租农田水利工程和设施。

要梳理管理和保护范围内的违法违章项目，对于法规明令禁止的项目坚决取缔，及时查处违法行为，执法程序符合《水行政处罚实施办法》和其他相关法规规定，对于没有履行报批手续的及时督促建设单位履行报批手续。

在管理范围内重要和危险的区域应设置警告警示标志和宣传标语、标牌，告警示标志内容要与工程的性质、设置部位相符。警示标志以禁止游泳、垂钓、养殖、排污、违建等为主；宣传标语和标牌以依法管理水利工程、维护工程完整、节约保护利用水资源为主；对于距离远、四周均与外界接壤的水利工程，在其上下游、左右岸均应设置同样内容的警告警示牌。水法规等标语、标牌设置应符合相关规范的要求。

在水利工程管理范围内，危害水利工程安全和影响防洪抢险的生产、生活设施及其他各类建筑物，在险工险段或严重影响防洪安全的地段，应限期拆除；其他地段，应结合城镇规划、河道整治和土地开发利用规划，分期、分批予以拆除。

水事违法违章事件不仅涉及水利部门，常常还同时涉及国土资源、林业、渔业、环保、城建规划等部门，执法时配合案件所涉及的其他具有执法主体资格的行政主管部门联合执法，并联合开展水环境保护。案件取证查处手续、资料齐全和完备，执法规范。

四、安全保卫

水利工程管理单位是治安保卫重点单位，应当设置与治安保卫任务相适当的治安保卫机构，配备专职治安保卫人员，并将治安保卫机构的设置和人员的配备情况报当地公安机关备案。根据水利工程的规模及其重要程度，应设民兵、民警或公安派出所。

（一）相关制度

安全保卫相关制度包括门卫、值班、巡查制度；工作、生产、经营等场所的安全管理制度；现金、票据、印鉴等重要物品使用、保管、储存、运输的安全管理制度；单位内部的消防、交通安全管理制度；治安防范教育培训制度；单位内部发生治安案件、涉嫌刑事犯罪案件的报告制度；治安保卫工作检查、考核及奖惩制度；存放有爆炸性、易燃性、放射性、毒害性、传染性、腐蚀性等危险物品的单位，还应当有相应的安全管理制度。

（二）相关要点

加强闸门启闭设施、安全防护等重要工程设施的保卫，防止人为破坏。按照有关国家标准对重要部位设置必要的技术防范设施，并实施重点保护。

加强安防设施的建设和维护。关系人身安全的工程部位，应设置安全防护装置，对照明、防火、避雷、绝缘设备等，要定期检查，经常维护，保持其防护性能。

储存、运输和使用易燃、易爆、剧毒、放射性物品时，必须严格执行有关安全使用规定，在公安机关和有关部门指导下制订应急方案。

工作人员必须遵守各项内部治安保卫工作制度，自觉维护治安秩序；新进职工上岗前，应接受法纪和安全保卫教育；中标的外来务工人员，应按照有关规范，签订治安管理责任书；使用外地临时用工人员时，应报治安保卫机构登记备案，并按规定办理暂住证等手续。

落实出入登记、守卫看护、巡逻检查、重要部位重点保护、治安隐患排查处理等内部治安保卫措施。上下游工程保护范围内，禁止游泳、禁止捕鱼，节制闸、送水闸、调度闸、闸站厂房、中控室及变电所等安全重要部位，未经处部批准，禁止非工作人员入内。

对保密资料、现金、贵重物品及物资仓库、危险品仓库的管理，必须遵守有关保密存放规定，存放部位应当配备防火、防盗设施和技术防范装置。

在公安机关指导下制订内部治安突发事件处置预案，并定期演练。

五、现场临时用电安全

（一）过程管理

按《施工现场临时用电安全技术规范》要求编制临时用电专项方案及安全技术措施，并经验收合格后投入使用；用电配电系统、配电箱、开关柜符合相关规定；自备电源与网供电源的联锁装置安全可靠，电气设备等按规范装设接地或接零保护；现场内起重机等起吊设备与相邻建筑物、供电线路等的距离符合规定；定期对施工用电设施进行检查。

施工现场临时用电设备在 5 台及以上或设备总容量在 50 kW 及以上的，应编制用电组织设施设计，临时用电工程图纸单独绘制，经用电管理单位审核及工程管理负责人批准后方可实施；临时用电工程应经编制、审核、批准部门和使用单位共同验收合格后方可投入使用；临时用电必须严格确定用电时限，超过时限要重新办理临时用电作业许可的延期手续，同时办理继续用电作业许可手续；用电结束后，临时施工用的电气设备和线路应立即拆除，由用电执行人所在生产区域的技术人员、供电执行部门共同检查验收签字；安装和拆除临时用电线路的作业人员，必须持有效的电工操作证并有专人监护方可施工。

（二）临时用电安全要求

施工单位应做好用电安全技术交底工作，确保施工过程中各项安全措施落实到位。

临时用电期间，本单位相关部门管理人员采取定期检查和不定期抽查方式加强临时用电安全监督检查，定期检查有班前检查、周检查及每月的全面检查，不定期抽查贯穿整个施工期间。从事电气作业的电工、技术人员必须持有特种作业操作许可证，方可上岗作业。安装、维修、拆除临时用电设施必须由持证电工完成，其他人员禁止接驳电源。

施工单位制定预防火灾等安全事故的预防措施，用电人员认真执行安全操作规程，本单位相关部门做好监督检查工作。发生触电和火灾事故后，施工单位和建设单位相关部门应立即组织抢救，确保人员和财产的安全，并及时报告单位相关领导，必要时请求公安、消防等国家部门救援。

施工现场对配电箱、开关箱、配电线路的要求：配电箱、开关箱应采用铁板或优质绝缘材料制作，门（盖）必须齐全有效，安装符合要求，并保持有二人同时工作通道并接地，配电箱及开关箱均应标明其名称、用途，并做出分路标记；对配电箱、开关箱进行定期维修、检查时，必须将其前一级相应的电源隔离开关分闸断电，并悬挂"禁止合闸，有人工作"停电标志牌，严禁带电作业；配电箱、开关箱中导线的进线口和出线口应设在箱体的底下面，严禁设在箱体的上顶面、侧面、后面或箱门处；移动式配电箱和开关箱的进、出线必须采用橡皮绝缘电缆；总、分配电箱门应配锁，配电箱和开关箱应指定专人负责；施工现场停止 1 h 以上时，应将动力开关箱上锁；各种电气箱内不允许放置任何杂物，并应保持清洁。箱内不得挂接其他临时用电设备；施工现场的设备用电与照明用电线路必须分开设置；临时用电线路必须安装有总隔离开关、总漏电开关、总熔断器（或空气开关）；架空电线、电缆必须设在专用电杆上，严禁设在树木或脚手架上，架空线的最大弧垂处与地面的距离不小于 3.5 m，跨越机动车道时不小于 6 m；电缆线路应采用埋地或架空敷设，严禁沿地面明设，并应避免损伤和介质腐蚀；埋地电缆路径应设方位标志；施工现场用电设备必须是"一机、一闸、一漏电保护、一箱"；施工现场严禁一闸多机。

施工现场对电动建筑机械或手持电动工具的要求：电动建筑机械或手持电动工具的负荷线必须按其容量选用无接头的多股铜芯橡皮护套电缆，手持电动工具的原始电源线严禁接长使用并且不得超过 3 m；每台电动建筑机械或手持电动工具的开关箱内除应装设过负荷、短路、漏电保护装置外，还必须装设隔离开关；焊接机械应放置在防雨和通风良好的地方，交流弧焊机变压器的一次侧电源进线处必须设置防护罩。焊接现场不准堆放易燃易爆物品；手持式电动工具的外壳、手柄、负荷线、插头、开关等必须完好无损，使用前必须做空载检查，运转正常方可使用；各电动工具、井架等以用电设备相连接的金属外壳必须采用不小于 2.5 mm² 的多股铜芯线接地。

施工现场对照明、自备电源的要求：隧道、人防工程、高温、导电灰尘或灯具离地面高度低于 2.4 m、电源电压不大于 36 V 等场所的照明，在潮湿和易触及带电体场所电源电压不大于 24 V 的照明，在特别潮湿的场所、导电良好的地面、锅炉或金属容器内工作、电源电压不大于 12 V 的照明，应使用安全电压照明器，照明变压器必须使用双绕组型，严禁使用自耦变压器；凡有备用电源（发电机）或配电房应设置防护向电网反送电措施及装置，并设置砂箱和 1211 等灭火设施，凡高于周边建筑的金属结构应设置防雷设施。

施工单位应制定的电气防火措施：施工组织设计时根据设备用电量正确选择导线截面；施工现场内严禁使用电炉，使用草坪灯时，灯与易燃物间距要大于 30 cm，室内不准使用功率超过 100 W 的灯泡；配电室的耐火等级要大于三级，室内配置砂箱和干粉灭火器，严格执行变压器的运行检修制度，现场中的电动机严禁超载使用，电机周围无易燃物，发现问题及时解决，保证设备正常运行；施工现场的高大设备和有可能产生静电的电器设备要做好防雷接地和防静电接地，以免雷电及静电火花引起火灾；电气操作人员要认真执行规范，正确连接导线，接线端要压牢、压实。各种开关触头要压接牢固，铜铝连接时要有过渡端子。多股导线要用端子或涮锡后再与设备安装，以防加大电阻引起火灾；配电箱、开关箱内严禁存放杂物及易燃物体，并派专人负责定期清扫；施工现场应建立防火检查制度，强化电气防火组织体系，加强消防能力建设。

（三）临时用电检查内容

临时施工用工程是否经编制、审核、批准和验收合格。

工地临近高压线是否有可靠的防护措施，防护要严密，达到安全要求。

支线架设是否符合下列要求，即配电箱引入、引出线要采用套管和横担，进出电线要排列整齐，匹配合理，严禁使用绝缘差、老化、破皮电线，防止漏电，应采用绝缘子固定，并架空敷设，必须架设防护套管。

现场照明是否符合下列要求，即手持照明灯应使用 36 V 以下安全电压，危险场所用 36 V 安全电压，特别危险场所采用 12 V 安全电压，照明导线应固定在绝缘子上，现场照明灯要用绝缘橡套电缆，生活照明采用护套绝缘导线，照明线路及灯具距地面距离不能小于规定，严禁使用电炉，防止电线绝缘差、老化、破皮、漏电，严禁用碘钨灯取暖。

架设低压干线是否符合下列要求，即不准采用竹质电杆，电杆应设横担和绝缘子，电线不能架设在脚手架或树上等处。

架空线离地按规定有足够的高度。

电箱配电箱是否符合下列要求，即配电箱制作要统一，做到有色标、有编号，电箱制作要内外油漆，有防雨措施，门锁安全，金属电箱外壳要有接地保护，箱内电气装置齐全可靠，线路、位置安装要合理，有地排、零排，电线进出配电箱应下进下出。

开关箱熔丝是否符合下列要求，即开关箱要符合一机一闸一保险，箱内无杂物，不积灰，配电箱与开关箱之间距离 30 m 左右，用电设备与开关箱超过 3 m 应加随机开关，配电箱的下沿离地面不小于 1.2 m，箱内严禁动力、照明混用，严禁用其他金属丝代替熔丝，熔丝安装要合理。

接地或接零是否符合下列要求，即严禁接地接零混接，接地体应符合要求，两根之间距离不小于 2.5 m，电阻值为 4 Ω，接地体不宜用螺纹钢。

变配电装置是否符合下列要求，即露天变压器设置符合规范要求，配电间安全防护措施和安全用具、警告标志齐全；配电间门要朝外开，高处正中装 20 cm×30 cm 玻璃。

六、危险化学品安全管理

危险化学品是指具有毒害、腐蚀、爆炸、燃烧、助燃等，对人体、设施、环境具有危害的剧毒化学品和其他化学品，它具有以下特征：具有爆炸性、易燃、毒害、腐蚀、放射性等性质；在生产、运输、使用、储存和回收过程中易造成人员伤亡和财产损毁；需要特别防护。涉及的危化品主要有汽油、氧气、乙炔等。

（一）危化品的采购管理

危化品采购由使用单位负责实施，购买汽油、柴油须按照采购计划到当地公安部门进行备案审批，严禁向无生产或销售资质的单位采购危化品；凡包装、标志不符合国家标准规范（或有破损、残缺、渗漏、变质、分解等现象）的危化品，严禁入库存放；严格控制采购和存放数量。危化品采购数量在满足生产的前提下，原则上不得超过临时存放点的核定数量，严禁超量存放；建立危化品管理档案，建立管理制度，加强对危化品的日常安全管理，认真做好物资的检验和交付记录。

（二）危化品的存放管理

危化品应当储存在专用仓库、专用场地或者专用储存室内，并由专人负责管理；危化品存放点建筑耐火等级必须达到二级以上，防火间距应符合安全性评价要求和消防安全技术标准规范的要求；危化品存放点应张贴危化品 MSDS 单（化学品安全技术说明书），标明存放物品的名称、危险性质、灭火方法和最大允许存放量等信息；危化品存放点应根据危化品的种类、性质、数量等设置相应监测、监控、通风、防晒、调温、防火、灭火、防爆、泄压、防毒、中和、防潮、防雷、防静电、防腐、防泄漏等安全设施、设备，并按照国家标准、行业标准或者国家有关规定对安全设施、设备进行经常性维护、保养，保证安全设施、设备的正常使用；氧气、乙炔气瓶应放置在通风良好的场所，不应靠近热源和电气设备，与其他易燃易爆物品或火源的距离一般不应小于 10 m（高处作业时指与垂直地面处的平行距离）。使用过程中，乙炔瓶应放置在通风良好的场所，与氧气瓶的距离不应少于 5 m；危化品存放点应有醒目的职业健康、安全警示标志；加大存储危险化学品仓库的管理和巡查力度，定期检查危险化学品是否过期，是否存在安全隐患，发现安全隐患，要及时进行改正；建立完善的安全管理制度，定时定期进行安全检查和记录，做到账物相符，发现隐患及时整改处置和上报。

（三）危化品的运输管理

在管理区域内运输危化品时，应仔细检查包装是否完好，防止运输过程中危化品出现撒漏、污染环境或引发安全事故；运输危化品的各种车辆、设备和工具应当安全可靠，防止运输过程中因机械故障导致危化品出现剧烈碰撞、摩擦或倾倒。在运输危化品过程中尽量选择平整的路面，控制速度，远离人群，一旦发生事故，要扩大隔离范围，并立即向安全部门报告；对不同化学性质，混合后将发生化学变化，形成燃烧、爆炸，产生有毒有害气体，且灭火方法又不同的化学危险品，必须分别运输、贮存，严禁混合运输、贮存；对遇热、受潮易引起燃烧、爆炸或产生有毒有害气体的化学危险品，在运输、贮存时应当按照其性质和国家安全标准规范，采取隔热、防潮等安全措施；乙炔瓶在使用、运输和储存时，环境温度不宜超过40℃，超过时应采取有效的降温措施；危化品运输工具，必须按国家安全标准规范设置标志和配备灭火器材。严禁无关人员搭乘装运有危化品的运输工具。

（四）危化品的使用管理

操作人员使用危险化学品时，须取得相应的作业证，并由专人监督指导；用汽油等易燃液体清洗物品时，应在具备防火防爆要求的房间内进行，生产现场临时清洗场地的，应采取可靠的安全措施，废油用有色金属盛装，统一回收存放并加盖封闭，严禁倒入地下沟道和乱存乱放；喷漆场所的漆料、稀释剂不得超过当班的生产用量，暂存的漆料、稀释剂周转储量不得超过一周的生产用量；易燃、易爆、剧毒品，必须随用随领，领取的数量不得超过当班用量，剩余的要及时退回库房；使用危化品的场所，应根据化学物品的种类、性能设置相应的通风、防火、防爆、防毒隔离等安全设施。操作者工作前必须穿戴好专用的防护用品；氧气瓶严禁沾染油脂，检查气瓶口是否有漏气时可用肥皂水涂在瓶口上试验，严禁用烟头或明火试验，氧气、乙炔瓶如有漏气应立即搬到室外，并远离火源，乙炔瓶应保持直立放置，使用时要注意固定，并应有防止倾倒的措施，严禁卧放使用，卧放的气瓶竖起来后须待20 min后方可输气；氧气、乙炔气瓶在使用过程中应按照有关规定定期检验。过期、未检验的气瓶严禁继续使用。

（五）废弃物处理

危化品及其用后的包装箱、纸袋、瓶桶等，必须严加管理，统一回收；任何部门和个人不得随意倾倒危化品及其包装物；废弃危险化学品的处置，依照有关环境保护的法律、行政法规和国家有关规定执行，严禁随一般生活垃圾运出。

第二节　典型作业行为安全控制

一、高处作业（含登高架设作业、悬空作业）

高处作业是指在坠落高度基准面 2 m 以上（含 2 m）有可能坠落的高处进行的作业；登高架设作业指在高处从事脚手架、跨越架架设或拆除的作业，为特种作业；悬空作业是指在周边临空、无立足点或无牢靠立足点的条件下进行的高处作业。

（一）作业人员条件与防护措施

高处作业易发生高处坠落和物体打击事故，从事高处作业人员必须每年进行一次体检，应无妨碍从事高空作业的疾病和生理缺陷。登高作业人员须进行专门的安全技术培训并经安全生产监督管理部门考核合格，取得《中华人民共和国特种作业操作证》后，方可上岗作业。

悬空高处作业时，要建立牢固的立足点，如设置防护栏网、栏杆或其他安全设施。悬空作业所用的索具、脚板、吊篮、吊笼、平台等设备，均须经过技术鉴定或验证方可使用。安全网必须随着建筑物升高而提高，安全网距离工作面的最大高度不超过 3 m。登高作业人员必须按照规定穿戴个人防护用品，作业前对防护用品要检查验收合格方能使用，作业中要正确使用防坠落用品与登高器具、设备。

有坠落危险的物件应固定牢固，无法固定的应先行清除或放置在安全处，高处作业中所用的物料，均应堆放平稳，不妨碍通行和装卸。工具应随手放入工具袋，作业中的走道、通道板和登高工具，应随时清扫干净。拆卸下的物件及余料和废料均应及时清理运走，不得任意乱置或向下丢弃，传递物件禁止抛掷。

雨天和雪天进行高处作业时，必须采取可靠的防滑、防寒和防冻措施。凡水、冰、霜、雪均应及时清除。在六级及六级以上强风和雷电、暴雨、大雾等恶劣气候条件下，不得进行露天高处作业。

（二）作业安全监管

工程单位应加强对危险性较大高处作业的监管，施工作业前，对登高架设作业人员体检、持证、安全措施、安全用品等情况进行检查；作业过程中，对现场组织管理、现场防护等进行监督检查。做好高处作业安全监督检查记录并及时归档。

高处作业前设置警戒线或警戒标志，防止无关人员进入有可能发生物体坠落的区域。

高处作业现场应设有监护人员，监护人员在作业前，应会同作业人员检查脚手架、防护网、梯子等登高工具和防护措施的完好情况，保持疏散通道畅通；监督作业人员劳动保护用品的正确使用，物品、工具的安全摆放，防止发生高处坠落。监护人员不得离开作业现场，发现问题及时处理并通知作业人员停止作业。

（三）安全检查内容

1. 基本规定

高处作业人员持证上岗，年度体检合格，作业前进行高空作业安全技术交底；安全标志、工具、仪表、电气设施和各种设备，施工前应检查合格；高空作业物料堆放平稳，工具放入工具袋；雨雪天气采取可靠的防滑、防寒、防冻措施，冰、霜、雪、水应及时清除；防护棚搭设与拆除时，设警戒区；高空作业必须系挂安全带，高挂低用。

2. 临边

基坑周边，尚未安装栏杆或栏板的阳台、料台与挑平台周边等应设置防护栏杆；垂直运输接料平台，除两侧设防护栏杆外，平台口还应设置安全门或活动防护栏杆；两侧栏杆加挂安全立网；分层施工的楼梯口和梯段边，安装临时护栏；地面通道上部应装设安全防护棚；钢管栏杆采用 $\varphi 48 \times 3.5$ mm 的管材，以扣件或电焊固定；栏杆柱间距不大于 2 m，上杆距地高度 1.05～1.2 m、下杆距地高度 0.5～0.6 m；防护栏杆设置自上而下的安全立网封闭，或不低于 0.18 m 的挡脚板；有坠落危险的物件应固定牢固，或先行清除，或放置在安全处。

3. 洞口

尺寸小于 0.5 m 的洞口，设置牢固的盖板；边长 0.5～1.5 m 的洞口，设置以扣件扣接钢管而成的网格；边长 1.5 m 以上的洞口，四周设防护栏杆，洞口下张设安全平网；对邻近的人与物有坠落危险性的其他竖向的孔、洞口，均应予以设盖板或加以防护，并有固定其位置的措施。

4. 攀登

移动式梯子梯脚底部坚实，不得垫高使用；立梯工作角度以 75°±5° 为宜，踏板上下间距以 0.3 m 为宜，不得有缺档；梯子如须接长使用，必须有可靠的连接措施，且接头不得超过 1 处；折梯使用时上部夹角以 35°～45° 为宜，铰链必须牢固，并应有可靠的拉撑措施；使用直爬梯进行攀登作业时，攀登高度以 5 m 为宜。超过 2 m 时，宜加设护笼；超过 8 m 时，必须设置梯间平台。

5. 悬空

钢柱安装登高时，应使用钢挂梯或设置在钢柱上的爬梯；构件吊装、管道安装、钢筋绑扎、混凝土浇筑、预应力张拉等悬空作业处应有牢靠的立足处，并必须视具体情况，配置安全网、栏杆、操作平台或其他安全设施；高空吊装预应力钢筋混凝土层架、桁架等大型构件前，应搭设悬空作业所需的安全设施，支设悬挑形式的模板，有稳固的立足点。

6. 操作平台

平台脚手板铺满钉牢、临空面有护身栏杆，不准有探头板；操作平台上应显著地标明容许荷载值；移动式操作平台面积不应超过 10m²，高度不应超过 5 m；悬挑式钢平台的搁支点与上部拉结点，必须位于建筑物上，不得设置在脚手架等施工设备上。

7. 交叉作业

钢模板部件拆除后，临时堆放处离楼层边沿不应小于 1 m，堆放高度不得超过 1 m；楼层边口、通道口、脚手架边缘等处，严禁堆放拆下物件；高处动火应有防止焊接（或气割）火星溅落的措施。

8. 其他

安全防护设施验收合格；夜间施工有足够的照明；六级以上大风不得在室外从事高空作业；暴风雪及台风暴雨后应对安全设施进行检查、修理完善，专人监护。

二、起重吊装作业

起重吊装作业是指利用起重机械或起重工具移动重物的操作活动，包括利用起重机械（行车、吊车等）搬运重物及使用起重工具（千斤顶、滑轮、手拉葫芦、自制吊架、各种绳索等）垂直升降或水平移动重物。

（一）设备和人员条件

作业使用的起重机应具备特种设备制造许可证、产品合格证和安装说明书等，起重吊装为特种作业，吊装作业人员（指挥人员、起重工）应持有效的特种作业人员操作证，方可从事吊装作业指挥和操作。

（二）作业安全监管

起重吊装作业前按规定对设备、工器具进行认真检查；指挥和操作人员持证上岗、按章作业，信号传递畅通；大件吊装办理审批手续，并有施工技术负责人在场指导；不以运行的设备、管道等作为起吊重物的承力点，利用构筑物或设备的构件作为起吊重物的承力点时，应经核算；照明不足、恶劣气候或风力达到六级以上时，不进行吊装作业。

实施起重吊装作业单位的有关人员在起重作业前应对起重机械、工机具、钢丝绳、索具、滑轮、吊钩进行全面检查，确保它们处于完好的状态。

吊装作业时指挥人员应佩戴明显的标志，戴安全帽，站在能够照顾到全面工作的地点，所发信号应事先统一，并做到准确、洪亮和清楚。操作人员在作业中要按照指挥人员发出的信号、旗语、手势进行操作，操作前要鸣笛示意。严格执行起重作业"十不吊"。

严禁以运行的设备、管道，以及脚手架、平台等作为起吊重物的承力点。利用建（构）筑物或设备的构件作为起吊重物的承力点时，应经核算满足承力要求，并征得原设计单位同意。

遇大雪、大雾、雷雨等恶劣气候，或因夜间照明不足，指挥人员看不清工作地点、操作人员看不清指挥信号时，不得进行起重作业。当作业地点的风力达到五级时，不得吊装受风面积大的物件；当风力达到六级及以上时，不得进行起重作业。

危险性较大的吊装工程，如采用非常规起重设备、方法，且单件起吊重量在 10kN 及以上的起重吊装工程；起重机械设备自身的安装、拆卸；吊装超高、超重、受风面积较大的大型设备等危险性较大的吊装工程；大型水闸的闸门、启闭机的吊装及临近带电体的吊装等，作业前应制订专项施工方案，办理审批手续。作业过程中施工技术负责人应在现场指导。

（三）大型设备起重吊装作业检查内容

1. 吊装准备

是否编制专项施工方案，并按规定进行审核、批准；是否已核实货物准确质量；是否考虑吊装附件引起起吊重量增加；吊装角度是否合适；吊装重物是否符合起重机额定载荷；是否已按规定对起重机进行了各类检查和维护；吊索具及其附件是否满足吊装能力需要；是否已清楚货物的规格尺寸及重心；是否明确货物的吊运路线、放置地点；是否已考虑强风下的稳定措施。

2. 吊装区域

是否已经布置路障和警告标志；是否需要梯子或脚手架；是否已考虑辅助工具和设备；货物吊装、移动过程中是否有障碍。

3. 起重机及人员

是否已确定作业人员的任务；是否已确定吊装作业的负责人；起重机司机是否持证上

岗；确定起重机操作室能清楚看到指挥信号；无线电通信是否正常；是否已对相关人员进行吊装计划交底培训；是否已明确指挥信号；是否已明确指挥人员；吊装指挥人员是否持证上岗；天气情况是否适合吊装；是否确认已落实应急措施。

4. 关键性吊装作业

是否已制定监护人员；是否确认操作区域附近的电线及防护措施；是否确认操作区域附近的管道及防护措施。

三、临近带电体作业

临近带电体作业是指在运行中的电压等级在 220 V 及以上的发电、变电、输配电（线路保护区内）和带电运行的电气设备附近进行的可能影响电气设备和人员安全的一切作业。主要存在触电伤害、设备烧坏、设备跳闸等危险因素。

（一）感应电压防护措施

在 330 kV 及以上电压等级的线路杆塔上及变电站构架上作业，应采取防静电感应措施，例如，穿静电感应防护服、导电鞋等。

绝缘架空地线应视为带电体，在绝缘架空地线附近作业时，作业人员与绝缘架空地线之间的距离不应小于 0.4 m。如须在绝缘架空地线上作业，应用接地线将其可靠接地或采用等电位方式进行。

用绝缘绳索传递大件金属物品（包括工具、材料等）时，杆塔或地面上作业人员应将金属物品接地后再接触，以防电击。

（二）作业安全监管

做好作业前准备工作：办理施工作业票；查阅资料、查勘现场；进行危害识别，对作业人员进行风险告知、技术交底；划定警戒区域，设置警示标志；等等。邻近带电体施工现场负责人、安全员、技术员应到岗到位并设专责监护人。临近高压带电体作业时必须严格执行作业许可证制度。

进行临近带电体作业时，应对施工现场进行详细勘察，注意作业方式、设备特性、工作环境、间隙距离、交叉跨越等情况，制定作业方法和安全防护措施，办理安全施工作业票，安排监护人并进行安全技术交底后才可进行施工。对于复杂、难度大的带电作业项目应编制操作工艺方案和安全措施，经批准后执行。

带电作业人员应经专门培训并持证上岗，按规定执行工作票、监护人等制度。临近带电体作业的作业人员与带电体的安全距离，起重机械臂架、吊具、辅具、钢丝绳及吊物等与架空输电线及其他带电体的最小安全距离应符合相关规定要求，邻近高压设备还应有对感应电压的防护措施。当作业人员在高压设备上处于零电位作业时，如果没有采取防护措施而与带有较高感应电压的停电线路（包括绝缘架空避雷线）直接接触，将会直接对人体造成电击，对人体生命安全造成严重威胁。

在停电检修高压电气设备，如高压线路、变压器、高压电器柜时，要做好停电、验电、挂接地线等防护措施，以防止停电检修设备突然来电和邻近高压带电设备所产生的感应电压对人体的危害。

当达不到规定的最小安全距离时，必须向有关电力部门申请停电，办理安全施工作业票，经有资质的签发人签发后执行，或增设屏障、遮拦、围栏、保护网，并悬挂醒目的警告标志牌等安全防护措施。

四、水上水下作业

水管单位常见的水上水下作业主要有工程观测、水利工程设施维修、临水边作业、水下堵漏与焊接、水下清淤与拆除、水下检查、打捞漂浮物等。

应加强水上水下作业安全监管，涉水工程施工单位应当落实国家安全作业和防火、防爆、防污染等有关法律法规，制订施工安全保障方案，完善安全生产条件，采取有效安全防范措施，制订水上应急预案，保障涉水工程的水域通航安全。作业前对各项安全措施进行确认。

水上作业应急预案应能迅速、有序、高效地组织应急行动，及时搜寻救助遇险船舶和人员等，最大限度地减少人员伤亡、财产损失和社会负面影响，应急预案中应包括应急组织机构及其职责、预防和信息报告、应急响应、应急救援物质和应急预案的实施等要点。

落实安全管理措施，与施工作业无关的船舶不准进入施工水域内，防止发生有碍正常施工的安全事故。

应随时与当地气象、水文站等部门保持联系，每日收听气象预报，做好记录，随时了解和掌握天气变化和水情动态，以便及时采取应对措施。

五、焊接作业

水管单位在维修养护过程中常见的焊接作业有焊条电弧焊和气割等，容易发生触电、火灾、爆炸和灼烫事故。

（一）人员条件和设备防护

焊接和切割属于特种作业，从事本工作应经过专业安全培训，取得特种作业人员操作证后方可作业。工作前作业人员要穿戴好合适的劳动保护用品，做好头、面、眼睛、耳、呼吸道、手、身躯等方面的人身防护。

电焊机回路应配装防触电装置，电缆连接符合要求，电焊机械应放置在防雨、干燥和通风良好的地方。

交流弧焊机变压器的一次侧电源线长度不应大于 5 m，其电源进线处必须设置防护罩。发电机式直流电焊机的换向器应经常检查和维护，应消除可能产生的异常电火花。

电焊机械开关箱中的漏电保护器额定漏电动作电流不应大于 30 mA，额定漏电动作时间不应大于 0.1 s。使用于潮湿或有腐蚀介质场所的漏电保护器应采用防溅型产品，其额定漏电动作电流不应大于 15 mA，额定漏电动作时间不应大于 0.1 s。交流电焊机械应配装防二次侧触电保护器。

电焊机械的二次线应采用防水橡皮护套铜芯软电缆，电缆长度不应大于 30 m，不得采用金属构件或结构钢筋代替二次线的地线。

气瓶应放置在通风良好的场所，不应靠近热源和电气设备，与其他易燃易爆物品或火源的距离一般不应小于 10 m（高处作业时指与垂直地面处的平行距离）。使用过程中，乙炔瓶应放置在通风良好的场所，与氧气瓶的距离不应少于 5 m。胶管长度每根不应小于 10 m，以 15～20 m 为宜。

（二）作业安全监管

焊接前对设备状况、作业人员持证情况、防护用品的使用、安全防护措施等进行检查。焊条电弧焊作业前必须认真检查电源开关、防护装置、焊钳、电缆线、接地和绝缘等；气割作业前必须认真检查气瓶、气管、减压阀、气压表、回火防止器、割炬等，确保设备的工作状态符合安全要求。

焊接与气割场地应通风良好（包括自然通风或机械通风），应采取措施避免作业人员直接呼吸到焊接操作所产生的烟气流；焊接或气割场地应无火灾隐患。若须在禁火区内焊接、气割时，应办理动火审批手续，配备现场监护人员，落实焊接作业中的安全防范措施后方可进行作业，现场监护人员对发现的隐患应及时消除，制止违规作业行为；在室内或露天场地进行焊接及碳弧气刨工作，必要时应在周围设挡光屏，防止弧光伤眼；焊接场所应经常清扫，焊条和焊条头不应到处乱扔，应设置焊条保温筒和焊条头回收箱，焊把线应收放整齐。

作业过程中应严格遵守焊工安全操作规程和焊（割）炬安全操作规程，做到"十不焊割"，即焊工未经安全技术培训考试合格，领取操作证者，不能焊割；在重点要害部门和重要场所，未采取措施，未经单位有关部门批准和办理动火证手续者，不能焊割；在容器内工作没有 12 V 低压照明、通风不良及无人在外监护不能焊割；不了解所焊接件用途和构造情况，不能焊割；盛装过易燃、易爆气体（固体）的容器管道，未经用碱水等彻底清洗和处理消除火灾爆炸危险的，不能焊割；用可燃材料充作保温层、隔热、隔音设备的部位，未采取切实可靠的安全措施，不能焊割；有压力的管道或密闭容器，如空气压缩机、高压气瓶、高压管道、带气锅炉等，不能焊割；焊接场所附近有易燃物品，未做清除或未采取安全措施，不能焊割；在禁火区内（防爆车间、危险品仓库附近）未采取严格隔离等安全措施，不能焊割；在一定距离内，有与焊割明火操作相抵触的工种（如汽油擦洗、喷漆、灌装汽油等能排出大量易燃气体），不能焊割。

作业人员现场动火安全须知内容：动火人必须持有特种作业人员操作证、动火作业证，按操作规程动火；动火现场须配有相应灭火器材，动火前清除周围 5 m 内易燃易爆物品；遇有无法清除的易燃物，必须采取防火措施；动火结束后必须对施工现场进行检查，确认无火灾隐患，方可离开；监护人员在作业前应查看现场，消除隐患；作业中，应跟班看护；作业后，督促做好清理工作。

作业人员工作时必须正确穿戴好专用防护工作服以防灼伤；焊接和气割的场所周围 10 m 范围内，各类可燃易爆物品应清除干净。如不能清除干净，应采取可靠的安全措施，如用水喷湿或用防火盖板、湿麻袋、石棉布等覆盖。焊接和气割的场所，应设有消防设施，并保证其处于完好状态焊工应熟练掌握其使用方法，能够正确使用。

在每日工作结束后应拉下焊机闸刀，切断电源。对于气割（气焊）作业则应解除氧气、乙炔瓶的工作状态。要仔细检查工作场地周围，确认无火源后方可离开现场。

六、交叉作业

两个或两个以上的工种在同一个区域同时施工称为交叉作业，包括立体交叉作业和平面交叉作业，立体交叉作业是指在上下立体交叉的作业层次中，处于空间贯通状态下同时进行的高处作业。常见的立体交叉作业有土石方开挖、设备（结构）安装、起重吊装、高处作业、模板安装、脚手架搭设拆除、焊接（动火）作业、施工用电、材料运输等。因作业空间受限制，人员多、工序多、联络不畅等原因，立体交叉作业中隐患较多，可能发生物体打击、高处坠落、机械伤害、火灾、触电等事故。

（一）沟通与交底

双方单位在同一作业区域内进行立体交叉作业时，应对施工区域采取全封闭、隔离措施，应设置安全警示标志、警戒线或派专人警戒指挥，防止高空落物、施工用具、用电危及下方人员和设备的安全。对参加施工作业的人员进行安全技术交底。

（二）防护和安全措施

交叉作业要设安全栏杆、安全网、防护棚和示警围栏；夜间工作要有足够的照明；当下层作业位置在上层物料可能坠落的范围半径之内时，则应在上下作业层之间设置隔离层，隔离层应采用木脚手板或其他坚固材料搭设，必须保证上层作业面坠落的物体不能击穿此隔离层，隔离层的搭设、支护应牢靠，在外力突然作用时不至于垮塌，且其高度不影响下层作业的高度范围。

上层作业时，不能随意向下方丢弃杂物、构件，应在集中的地方堆放杂物，并及时清运处理，作业人员应随身携带物料袋或塑料小胶桶，以便随身带走零散物件。上层有起重作业时，吊钩应有安全装置；索具与吊物应捆绑牢固，必要时以绳索予固定牵引，防止随风摇摆，碰撞其他固定构件；吊物运行路线下方所有人员应无条件撤离；指挥人员站位应便于指挥和瞭望，不得与起吊路线交叉，作业人员与被吊物体必须保持有效的安全距离。不得在吊物下方接料或逗留。

上下交叉作业时，必须在上下两层中间搭设严密牢固的防护隔板、罩棚或其他隔离措施。工具、材料、边角余料等严禁上下投掷，应用工具袋、箩筐或吊笼等吊运，严禁在吊物下方接料或逗留。

第三节　应急救援过程与准备

一、应急救援体系与过程

（一）应急救援体系

安全生产事故应急救援体系总的目标：控制突发安全生产事故的事态发展、保障生命财产安全、恢复正常状况。这三个总体目标也可以用防灾、减灾、救灾和灾后恢复来表示。由于各种事故灾难种类繁多，情况复杂，突发性强，覆盖面大，应急救援活动又涉及从管理人员到基层人员的各个层次，从公安、医疗到环保、交通等不同领域，这都给应急救援日常管理和应急救援指挥带来了许多困难。解决这些问题的唯一途径是建立起科学、完善的应急救援体系和实施规范有序的运作程序。一个完整的事故应急救援体系由组织体系、应急运作机制、保障系统和法制基础构成。

1. 组织体系

如前所述，应急救援组织体系由应急领导小组（或称应急总指挥部）、现场应急指挥部和应急救援队伍组成。其中，应急救援队伍中的救援人员来自各个部门，如兼职的安全人员、义务消防员和红十字会救护员等，他们要经过系统的标准化应急培训，经过培训后给予相应资格，以适应应急活动的不同需求。根据工程单位的风险水平不同，应重点培养一批针对工程风险特点的、有经验的、具有不同应急技能的兼职人员，因其有可能是当事人和第一目击者，常常在应急响应中起到重要作用。

2. 应急运作机制

应急运作机制包括统一指挥、分级响应、全员动员、属地为主机制等。

统一指挥是应急活动的最基本原则。在应急活动中必须是统一指挥，以保证应急活动的正常有效进行。应急指挥一般可分为集中指挥与现场指挥，或场外指挥与场内指挥等形式，但无论采用哪一种指挥系统都必须实行统一指挥的模式，无论应急救援活动涉及单位的行政级别高低和隶属关系不同，都必须在应急指挥部的统一组织协调下行动，有令则行，有禁则止，统一号令，步调一致。如何协调统一指挥，是规划现场指挥系统的一个关键目标。应急响应可能涉及部门中多方面的人员、扩大应急时的政府各部门及其人员以及志愿者，所以必须在紧急事件发生之前，建立有关协调所有这些不同类型应急者的机制。应急指挥的组织结构应当在紧急事件发生前就已建立，如应急事件应由谁负责，以及谁向谁报告等情况应有明确的规定。应急预案应在指挥机构中做出明确的规定，并达成共识，这将有助于保证所有应急活动的参与人员明确自己的职责，并在紧急事件发生时很好地履行各自的职责。一般情况下，工程单位可以选择使用一个集中指挥控制系统和一个现场控制系统，或者两者合一的指挥系统。

分级响应是指在初级响应到扩大应急的过程中实行分级响应的机制。扩大或提高应急级别的主要依据：事故灾难的危害程度，影响范围和控制事态能力，而后者是事件"升级"的最基本条件。扩大应急救援主要内容是提高指挥级别，扩大应急范围等，增强响应的能力。因为对于应急响应的初期来讲，最重要的应急力量和响应是在工程单位，但有些事故的发生并不是工程单位的应急能力和资源能解决和完成的，当事态扩大，已经超出了工程单位的应急响应能力时，则必须扩大应急的范围和层次。不同的事故类型应有不同的响应级别，以确保应急活动的有效性，最大限度地降低风险后果。

属地为主强调"第一反应"的思想和以现场应急、现场指挥为主的原则。按照属地为主的原则，安全生产事故发生后，工程单位应当及时向当地政府主管部门报告。工程单位和个人对突发安全生产事故不得隐瞒、缓报、谎报。在建立安全生产事故应急报告机制的同时，还应当建立与当地其他相关机构的信息沟通机制。根据安全生产事故的情况，当地政府主管部门应当及时向当地应急指挥部机构报告，并向当地消防等有关部门通报情况。强调属地为主，主要是因为属地对本地区的自然情况、气候条件、地理位置、道路交通比较熟悉，能够提交及时、有效、快速的救援，并能协调各应急功能部门，优化资源，协调作战。

3. 保障体系

应急救援工作快速有效地开展依赖充分的应急保障体系。保障体系包括各类应急预案保障、信息与通信系统保障、人力资源保障、各类物资和应急能力保障、应急财务保障。位于应急保障系统首位的是各类应急预案保障。原则上应该是每一个危险设施都有一个应急预案。

信息与通信系统，即建立集中管理的信息通信平台，是应急体系最重要的基础建设之一。事故发生时，全部预警、报警、警报、报告和指挥等活动的信息交流，要通过应急信息通信系统的保障才能快速、顺畅、准确地传达。在信息和通信系统建设过程中要特别注意信息资源的安全问题。不但要保证有足够的物资与装备资源，而且还一定要实现快速、及时供应到位。要界定和明确对于不同应急资源管理、使用、维护和更新的相应职责部门和人员。用于应急的通信和通信联络设备、进入事故现场实施救援的人员的防护用品，以及消防设施和供应等，要保证充足的数量和合格的质量。

应急的人力资源保障，主要指的是紧急时可动员的全职及兼职人员，以及其应急能力和培训水平情况。人力资源保障包括专业队伍和志愿人员及其他有关人员，他们是经过相应的培训教育并能在应急反应中起到相应作用的人员，如指挥人员、医疗救护人员、抢险人员、指挥疏散人员等。

应急财务保障是要保证所需事故应急准备和救援工作的资金。对于应急财务保障应建立专项应急科目，如应急基金等，保障应急管理运行和应急反应中的各项开支。

（二）事故应急管理过程

尽管重大事故的发生具有突发性和偶然性，但重大事故的应急管理不只限于事故发生后的应急救援行动。应急管理是对重大事故的全过程管理，贯穿事故发生前、中、后的各个过程中，充分体现了"预防为主，常备不懈"的应急思想。应急管理是一个动态的过程，包括预防、准备、响应和恢复4个阶段。尽管在实际中这些阶段往往是交叉的，但每一阶段都有自己明确的目标，而且每一阶段又是构筑在前一阶段基础之上的，因而预防、准备、响应和恢复的相互关联构成了事故应急管理的循环过程。

1. 预防

在应急管理中预防有两层含义：一是事故的预防工作，即通过安全管理和安全技术等手段，尽可能地防止事故的发生，实现本质安全；二是在假定事故必然发生的前提下，通过预先采取的预防措施，达到降低或减缓事故的影响或后果的严重程度，如加大建筑物的安全距离、减少危险物品的存量、设置防护墙及开展安全教育等。

2. 应急准备

应急准备是应急管理过程中一个极其关键的过程，它是针对可能发生的事故，为迅速有效地开展应急行动而预先所做的各种准备，包括建立健全各项安全管理制度，根据本单位可能发生的事故特点和危害程度，建立事故应急管理工作的组织指挥体系，有关部门和人员职责的落实，应急预案的编制，应急队伍的建设，应急设备（施）、物资的准备和维护，预案的演习与外部应急力量的衔接等，其目的是保持重大事故应急救援所需的应急能力。在《生产经营单位安全生产事故应急预案编制导则》（以下简称《编制导则》）标准中描述事前、事发、事中和事后的应急活动，应急准备属于事前阶段。这种准备要针对可能发生的重大事故种类和重大风险水平来进行配置。重点强调当应急事件发生时能够提供足够的各种资源和能力保证，保证应急救援需求。而且这种准备须不断地维护和完善，使应急准备的各项措施时时处于待用状态，进行动态管理，适应不断变化的风险和应急事件发生时的需求。

3. 应急响应

应急响应是在事故发生后立即采取的应急与救援行动，包括事故的报警与通报、人员的紧急疏散、应急处置与救援、急救与医疗、消防和工程抢险、信息收集与应急决策和外部求援等。其目标是尽可能地抢救受害人员，保护可能受威胁的人群，尽可能控制并消除事故。

应急响应可划分为两个阶段，即初级响应和扩大应急。在《编制导则》中描述的事前、事发、事中和事后的应急活动，初级响应属于事发阶段。初级响应是在事故初期，主要是在现场开展。重点是减轻紧急情况与灾害的不利影响，水利工程单位或部门应用自己的救援力量，使最初的事故得到有效控制。但如果事故的规模和性质超出本单位的应急能力，则应请求增援和提高应急响应级别，进入扩大应急救援活动阶段。随着事态进展的严重程度的增加，需要扩大应急的级别也在不断地提高，不同的级别反映了应急事件发展、扩大的范围和严重程度，可以启动由县级、市级到省级甚至国家级应急力量和资源，以便最终控制事故。

水利工程单位应当建立健全事故监测与预警制度，提供必要的设备、设施，配备专职或者兼职人员，对可能发生的突发事件进行监测，通过多种途径收集突发事件信息。组织相关部门、专业技术人员、专家学者进行会商，对发生突发事件的可能性及其可能造成的影响进行评估；认为可能发生重大或者特别重大突发事件的，或在获悉突发事件信息后，及时、客观、真实地向所在地人民政府、有关主管部门或者指定的专业机构报告，向消防机构和可能受到危害的毗邻或者相关地区的人民政府通报，不得迟报、谎报、瞒报、漏报。

应急处置与救援是在事故发生后，针对事故的性质、特点和危害立即组织人员采取的应急与救援行动。包括组织营救和救治受害人员，紧急疏散并妥善安置受到威胁的人员，以及采取其他救助措施；控制危险源，封锁危险场所，划定警戒区及实施其他控制措施；禁止或者限制使用有关设备、设施，关闭或者限制使用有关场所；启用或调用设置的应急预备资金和储备的应急救援物资；消防和工程抢险措施等保障措施；组织有关人员参加应急救援和处置工作，要求具有特定专长的人员提供服务；采取防止发生次生、衍生事件的必要措施。信息收集与应急决策和外部求援等，其目标是尽可能地抢救受害人员、保护可能受威胁的人群，并尽可能控制并消除事故。

4. 恢复

恢复与重建工作应在事故发生后立即进行，首先使事故影响区域恢复到相对安全的基本状态，然后逐步恢复到正常状态。要立即进行的恢复工作包括事故损失评估、原因调查、清理废墟等，在短期恢复中应注意的是避免出现新的紧急情况；长期恢复工作范围包括厂区重建和受影响区域的重新规划和发展。在长期恢复工作中，应吸取事故和应急救援的经验教训，制定改进措施，以开展进一步的预防工作和减灾行动。长期恢复工作范围包括中间公众服务的功能与受害区，基本设施如水、电、通信交通等。对于一些仍然面临的威胁还应采取相应的减灾预防工作，如有的危险化学品车倾翻和泄漏，险情得到了控制，但临近的水源可能受到污染，就要进一步实施提供饮用水等措施。恢复工作包括恢复几乎所有的功能，就要进行减灾分析，确认下一步的需求、充分判断损失情况、进一步可能产生的残余风险及可采取的防护措施和资源的提供等方面。

二、应急准备

（一）应急预案

事故应急预案是应急管理的核心，是控制重大事故损失的有效手段。工业化国家统计数据表明，有效的应急救援可以大幅度降低事故损失。事故应急预案应覆盖事故的预防与应急准备、监测与预警、应急处置与救援、事后恢复与重建 4 个阶段。应急预案是在评估特定对象或环境的风险、事故形式、过程和严重程度的基础上，为事故应急机构、人员、设备与技术等预先做出科学而有效的计划，因此，制订事故应急预案意义重大。

1. 编制应急预案的原则

编制应急预案应满足下列基本要求：

（1）针对性

应急预案是为有效预防和控制可能发生的事故，最大限度减少事故及其造成的损害而预先制订的工作方案。因此，应急预案应结合危险分析的结果，针对重大危险源、各类可能发生的事故、关键的岗位和地点、薄弱环节等进行编制，确保其有效性。

（2）科学性

应急救援工作是一项科学性很强的工作。编制应急预案必须以科学的态度，在全面调查研究的基础上，在专家的指导下，开展科学分析和论证，制定出决策程序、处置方案和应急手段的应急方案，使应急预案具有科学性。

（3）可操作性

应急预案应具有可操作性或实用性，即突发事件发生时，有关应急组织、人员可以按照应急预案的规定迅速、有序、有效地开展应急救援行动，降低事故损失。为确保应急预案实用性和可操作，应急预案编制过程中应充分分析、评估本单位可能存在的危险因素，分析可能发生的事故类型及后果，并结合本单位应急资源、应急能力的实际，对应急过程的一些关键信息，如潜在重大危险及后果分析、支持保障条件、决策、指挥与协调机制等进行系统的描述。同时，应急相关方应确保事故应急所需的人力、设施和设备、资金支持及其他必要资源的投入。

（4）合法合规性

应急预案中的内容应符合国家相关法律法规、标准和规范的要求，应急预案的编制工作必须遵守相关法律法规的规定。

（5）权威性

应急救援工作是紧急状态下的应急性工作，所制订的应急预案应明确救援工作的管理体系、救援行动的组织指挥权限、各级救援组织的职责和任务等一系列的行政性管理规定，保证救援工作的统一指挥。应急预案经上级部门批准后才能实施，保证其具有一定的权威性。同时，应急预案中应包含应急所需的所有基本信息，并确保这些信息的可靠性。

（6）相互协调一致、相互兼容

各单位应急预案应与上级部门应急预案、当地政府应急预案、主管部门应急预案、下级单位应急预案等相互衔接，确保出现紧急情况时能够及时启动各方应急预案，有效控制事故。

2. 应急预案体系

应急预案体系由综合应急预案、专项应急预案、现场处置方案组成。

（1）综合应急预案

综合应急预案是生产经营单位应急预案体系的总纲，从总体上阐述事故的应急方针、政策，应急组织结构及相关应急职责，应急行动、措施和保障等基本要求和程序，是应对各类事故的综合性文件。综合应急预案的主要内容包括总则、单位概况、组织机构及职责、预防与预警、应急响应、信息发布、后期处置、保障措施、培训与演练、奖惩、附则11 个部分。

（2）专项应急预案

专项应急预案是为应对某一类型或某几种类型事故，或者针对重要生产设施、重大危险源、重大活动等内容而制订的应急预案，是应急预案体系的组成部分。专项应急预案应制定明确的救援程序和具体的应急救援措施。专项应急预案的主要内容包括事故类型和危害程度分析、应急处置基本原则、组织机构及职责、预防与预警、信息报告程序、应急处置、应急物资与装备保障等部分。

水利工程专项预案一般包括防冰冻雨雪天气灾害应急预案、防震应急预案、防洪应急预案、防台应急预案、突发性环境污染事件应急预案、公务车交通事故应急预案、道路交通应急预案、高温中暑应急救援预案、电梯突发事故应急预案、有限空间作业应急预案、重要生产场所着火应急预案、大型变压器着火应急预案、机械伤害应急预案、爆炸事故应急预案、高处坠落事故应急预案、物体打击应急预案、触电事故应急预案、火灾事故专项应急预案、触电事故应急预案、火灾事故专项应急预案等。

（3）现场处置方案

现场处置方案是水利工程单位根据不同事故类别，针对具体的场所、装置或设施所制定的应急处置措施。现场处置方案应具体、简单、针对性强。现场处置方案应根据风险评估及危险性控制措施逐一编制，做到事故相关人员应知应会，熟练掌握，并通过应急演练，做到迅速反应、正确处置。现场处置方案的主要内容包括事故特征、应急组织与职责、应急处置、注意事项4 个部分。水利工程单位应根据风险评估、岗位操作规程及危险性控制措施，组织本单位现场作业人员及安全管理等专业人员共同编制现场处置方案。现场处置方案一般包括生产安全事故现场应急处置方案、洪水灾害现场应急处置方案、恶劣天气现场应急处置方案、水上安全应急救援处置方案、环境污染事件应急处置方案等。

3. 应急预案编制步骤

应急预案的编制过程大致可分为以下几个步骤：

（1）成立预案编制小组

结合本单位各部门职能和分工，成立以单位主要负责人（或分管负责人）为组长，单位相关部门人员参加的应急预案编制工作组，明确工作职责和任务分工，制订工作计划，组织开展应急预案编制工作。应急预案编制需要安全、工程技术、组织管理、医疗急救等各方面的知识，因此，应急预案编制小组是由各方面的专业人员或专家组成的，包括预案制订和实施过程中所涉及或受影响的部门负责人及具体执笔人员。必要时，编制小组也可以邀请地方政府相关部门和单位周边社区的代表作为成员。

（2）收集相关资料

收集应急预案编制所需的各种资料是一项非常重要的基础工作。相关资料的数量、资料内容的详细程度和资料的可靠性将直接关系应急预案编制工作是否能够顺利进行，以及能否编制出质量较高的应急预案。要收集的资料一般包括相关的法律法规和技术标准；国内外同行业的事故资料及事故案例分析；以往的安全记录、事故情况；单位所在地的地理、地质、水文、环境、自然灾害、气象资料；事故应急所需的各种资源情况；同类单位的应急预案；政府的相关应急预案；其他相关资料。

（3）风险评估

危险源辨识与风险评估是编制应急预案的关键，所有应急预案都建立在风险评估的基础之上。风险评估就是在危险因素分析、危险源辨识及事故隐患排查、治理的基础上，确定本单位存在的危险因素、可能发生事故的类型和后果，并指出事故可能产生的次生、衍生事故，评估事故的危害程度和影响范围，形成分析报告，分析结果将作为事故应急预案的编制依据。

（4）应急能力评估

应急能力评估就是依据风险评估的结果，对应急资源准备状况的充分性和本单位从事应急救援活动所具备的能力进行评估，以明确应急救援的需求和不足，为应急预案的编制奠定基础。针对水利安全生产可能发生的事故及事故抢险的需要，实事求是地评估本单位的应急装备、应急队伍等应急能力。对于事故应急所需但本单位尚不具备的应急能力，应采取切实有效的措施予以弥补。事故应急能力一般包括应急人力资源（各级指挥员、应急队伍、应急专家等），应急通信与信息能力，人员防护设备，消灭或控制事故发展的设备，检测、监测设备，医疗救护机构与救护设备，应急运输与治安能力，以及其他应急能力。

（5）应急预案编制

针对本单位可能发生的事故，按照有关规定和要求，充分借鉴国内外同行业事故应急工作经验编制本单位的应急预案。应急预案编制过程中，应注重编制人员的参与和培训，充分发挥他们各自的专业优势，使他们均掌握风险评估和应急能力评估结果，明确应急预案的框架、应急过程行动重点以及应急衔接、联系要点等。同时，应急预案编制应注意系统性和可操作性，做到与地方政府预案、上级主管单位以及相关部门的应急预案相衔接。

（6）应急预案评审与发布

应急预案编制完成后应进行评审，并按规定报有关部门备案，并经水利工程单位主要负责人签署发布。根据评审性质、评审人员和评审目标的不同，将评审过程分为内部评审和外部评审两类，内部评审是指编制小组内部组织的评审，内部评审不仅要确保预案语句通畅，更重要的是评估应急预案的完整性，以获得全面的评估结果，保证各种类型预案之间的协调性和一致性。外部评审是预案编制单位组织本城或外埠同行专家、上级机构及有关政府部门对预案进行评审，根据评审人员和评审机构的不同，外部评审可分为同行评审、上级评审和政府评审等。在以下情况下，应急预案应进行评审修订：定期评审修订，针对培训和演习中发现的问题随时对应急预案实施评审修订；评审重大事故灾害的应急过程，吸取相应的经验和教训并修订应急预案；国家有关应急的方针、政策、法律法规、规章和标准发生变化时评审修订应急预案；危险源有较大变化时评审修订应急预案；根据应急预案的规定评审修订应急预案。

应急预案评审采取形式评审和要素评审两种方法。形式评审主要用于应急预案备案时的评审，重点审查应急预案的规范性和编制程序；要素评审用于水利工程单位组织的应急预案评审，依据国家有关法律法规、《生产经营单位生产安全事故应急预案编制导则》和有关行业规范，从合法性、完整性、针对性、实用性、科学性、操作性和衔接性等方面对应急预案进行评审。评审要点包括应急预案的内容是否符合有关法律法规规章和标准及有关部门和上级单位规范性文件的要求；应急预案的要素是否符合《应急预案评审指南》规定的要素；应急预案是否紧密结合本单位危险源辨识与风险分析的结果；应急预案的内容及要求是否切合本单位工作实际、与生产安全事故应急处置能力相适应，应急预案的组织体系、预防预警、信息报送、响应程序和处置方案是否科学合理；应急预案的应急响应程序和保障措施等内容是否切实可行；综合应急预案、专项应急预案、现场处置方案及其他部门或单位预案是否衔接。

应急预案备案应当提交应急预案备案申请表、评审专家的姓名及职称、应急预案评审意见和结论、应急预案文本及电子文档等。

4. 应急预案的核心要素

（1）方针与原则

一是应强调的是事发前的预警和事发时的快速响应，高效救援；二是在救援过程中强调救死扶伤和以人为本的原则；三是应有利于恢复再生产，对于设备设施尤其是重大设备和贵重设备的救援，不能因为盲目救援，过多地使用一些不利的救援方式，如灭火方式的选择等；四是救援中应考虑到继发的影响，不能因为救援进一步扩大了环境污染，使事态扩大；五是事故应急救援工作是在预防为主的前提下，贯彻统一指挥、分级负责、单位自救和社会救援相结合的原则；六是预防工作是事故应急救援工作的基础，除了平时做好事故的预防工作，避免或减少事故的发生外，还要落实好救援工作的各项准备措施，做到预有准备，一旦发生事故能及时实施救援。

（2）应急策划

应急策划必须明确预案的对象和可用的应急资源情况，即在全面系统地认识和评价所针对的潜在事故类型的基础上，识别出重要的潜在事故、性质、区域、分布及事故后果，同时，根据危险分析的结果，分析评估企业中应急救援力量和资源情况，为所需的应急资源准备提供建设性意见。在进行应急策划时，应当列出国家、地方相关的法律法规，作为制订预案和应急工作授权的依据。因此，应急策划包括危险分析、应急能力评估（资源分析）以及法律法规要求等。

（3）应急准备

主要针对可能发生的应急事件应做好的各项准备工作。应急预案能否成功地在应急救援中发挥作用，取决于应急准备得充分与否。应急准备基于应急策划的结果，明确所需的应急组织形式及其应急状态时的职责权限、应急队伍的建设和人员培训、使用与本企业或地区风险水平的各类应急物资的准备、预案的演习、公众的应急知识培训和签订必要的互助协议等。这种准备是为响应服务而事先做好的各项准备工作，包括使应急设备经常处于应急状态、事故模拟演练等内容。

（4）应急响应

企业应急响应能力的体现，应包括须要明确并实施在应急救援过程中的核心功能和任务，这些核心功能具有一定的独立性，又互相联系，构成应急响应的有机整体，共同完成应急救援的目的。应急响应的核心功能和任务包括接警与通知、指挥与控制、警报和紧急公告、通信、事态监测与评估、警戒与治安、人群疏散与安置、医疗与卫生、公共关系、应急人员安全、消防和抢险、泄漏物控制等。

（5）现场恢复

现场恢复是事故发生后期的处理，包括疏散人员的安置、受害人员及家属的心理疏导。在恢复阶段还应注意对于事故现场的连续监测，直到现场确认是安全的情况下才可进入。

（6）预案管理与评审改进

强调在事故后（或演练后）对于预案不符合和不适宜的部分进行不断的修改和完善，使其更加适应实际应急工作的需要。预案的修改和更新要有一定的程序和相关评审指标。

预案的评审应紧紧围绕以下几方面进行：完整性、准确性、可读性、符合性、兼容性、可操作性或实用性。

（二）应急设施及物资

1. 应急物资及配备

应急物资是突发事件应急救援和处置的重要物质支撑。应急物资储备以保障人民群众的生命安全和维护稳定为宗旨，确保突发事件发生后应急物资准备充足，及时到位，有效地保护和抢救人的生命，最大限度地减少生命和财产损失。水利工程单位根据应急预案和事故应急处置要求配备的应急物资有强光手电、梯子、编织麻袋、柴油、雨靴、铁锹、雨衣、喊话喇叭、担架、反光背心、警示带、警示条、警戒绳、三角旗、潜水泵、发电机、三级配电箱、交流电焊机、照明灯具、平板式手推车、水桶等。

应急装备可分为基本装备和专用救援装备。基本装备主要包括通信装备、交通工具、照明装置、防护装备等，专用救援装备主要指各专业救援队伍所用的专用工具（物品），主要包括消防设备、泄漏控制设备、个人防护设备、通信联络设备、医疗支持设备、应急电力设备、资料等。水利工程单位根据应急预案和事故应急处置要求在事故现场配备的常用应急设备与工具有输水装置、软管、喷头、自用呼吸器、便携式灭火器等消防设备，泄漏控制工具、探测设备、封堵设备、解除封堵设备等危险物质泄漏控制设备，防护服、手套、靴子、呼吸保护装置等个人防护设备，对讲机、移动电话等通信联络设备，救护车、担架、夹板、氧气、急救箱等医疗支持设备，以及备用发电机和相关资料；并做到数量充足、品种齐全、质量可靠。

2. 应急设施设备及物资的储备发放与维护管理

（1）储备管理

经检验合格的应急物资根据仓库的条件和物资的不同属性，将被逐一分类，根据物资的保管要求、仓储设施条件及仓库实际情况，确定具体的存放区，为方便抢修物资存放，减少人为差错，露天存放的物资要上盖下垫，并持牌标明品名、规格、数量；性质相抵触的物资和腐蚀性的物资应分开存放，不准混存；加强物资保管和保养工作，做到"六无"保存，即无损坏、无丢失、无锈蚀、无腐烂、无霉烂变质、无变形；精密仪器、仪表、量具恒温保管，定期校验精度；轴承用不吸油或塑料薄膜纸包装存放，电气物资要做好防灭火措施；库存物资要坚持永续盘点和定期盘点，做到账、单、物、资金四对口，损坏物资要如实上报，并查明原因，报领导审批，保管员不得以盈补亏来自行处理盘盈和损坏物资；代保管物资应和在账物资同等对待；仓库卫生整洁，做到货架无灰尘、地面无垃圾；

应急物资具备防止受到雨、雪、雾的侵蚀和日光暴晒的措施，有防止应急物资被盗用、挪用、流失和失效的措施，并及时对各类物资及时予以补充和更新，检查人员每月要定期检查一次应急物资和工具的情况，发现缺少和不能使用的及时提出和督促，确保物资和工具的正常功能；应急物资的调拨由事故应急救援领导小组统一调度、使用，应急物资调用根据"先近后远，满足急需""先主后次"的原则进行，建立与其他地区、其他部门物资调剂供应的渠道，以备物资短缺时，可迅速调入。

（2）发放管理

物资保管员坚守岗位，随到随发，发料迅速、准确。严格领发料手续，保管员发料时，要严格按规定签发的领料单的物资品名、规格、数量发放，实发物资论件的不得多发或少发，小件定量包装的尽量整包发放，料单和印鉴齐全。发料要一次发清，当面点清，凡已办完出库手续，领用单位不能领出的，或当月不能领出的设备及大宗材料，保管员应与领料人做好记录，双方签字认可办理代保管手续。出库物资的过磅、点件、检尺、计量要公平，磅码单、检尺数、材质检验单设备两证（产品合格证、质量检验证）、说明书及随机工具、零配件要在发料时一并发出。凡规定"交旧领新"或退换包装品物资必须坚持"交旧领新"和回收制度。材料保管员发料要贯彻物资"先进先出"、有保存期的先发出、不合格物资不出库的原则。材料保管员不得以任何理由，在发料时以盈补亏，刁难领料人员补单，为自己承担丢失、串发、损坏物资的责任。文明礼貌，不得对领料人员行使不文明、不道德的行为。

（3）维护管理

设备或设施、防护器材的每日检查应由所在岗位人员执行，内容是检查器材或设备的功能是否正常；定期对备用电源进行 1 或 2 次充放电试验，1~3 次主电源和备用电源自动转换试验，检查其功能是否正常，看是否自动转换，再检查一下备用电源是否正常充电；每周要对消防通信设备进行检查，并对所设置的所有电话进行调度与通话试验，确保信号清晰、通话畅通、语音清楚；每周检查备品备件、专用工具等是否齐备，并处于安全无损和适当保护状态；消火栓箱及箱内配装的消防部件的外观有无破损、涂层有无脱落，箱门玻璃是否完好无缺。消火栓、供水阀门及消防卷盘等所有转动部位应定期加注润滑油；每周对灭火器等消防器材进行检查，确保其始终处于完好状态。检查灭火器铅封是否完好。灭火器已经开启后即使喷出不多，也必须按规定要求再充装，充装后应做密封试验并牢固铅封，检查灭火器压力表指针是否在绿色区域，如指针在红色区域应查明原因，及时检修并重新灌装；检查可见部位防腐层的完好程度，轻度脱落的应及时补好，明显腐蚀的应送消防专业维修部门进行耐压试验，合格者再进行防腐处理；检查灭火器可见零件是否完整，有无变形、松动、锈蚀，如压杆和损坏装配是否合理；检查喷嘴是否通畅，如有堵塞应及时疏通。每半年应对灭火器的重量和压力进行一次彻底检查，并应及时充填；对干粉灭火器每年检查一次出粉管、进气管、喷管、喷嘴和喷枪等部分有无干粉堵塞出粉管防潮堵、膜是否破裂；筒体内干粉是否结块；灭火器应进行水压试验，一般每五年一次，化学泡沫灭火器充装灭火剂两年后每年一次，加压试验合格方可继续使用，并标注检查日期；检查灭火器放置环境及放置位置是否符合设计要求，灭火器的保护措施是否正常；防尘口罩及相关部件应经常保持清洁、干燥，防止损坏，每月至少进行一次全面检查。

三、应急设施及物资

（一）应急物资及配备

应急物资是突发事件应急救援和处置的重要物质支撑。应急物资储备以保障人民群众的生命安全和维护稳定为宗旨，确保突发事件发生后应急物资准备充足，及时到位，有效地保护和抢救人的生命，最大限度地减少生命和财产损失。水利工程单位根据应急预案和事故应急处置要求配备的应急物资有强光手电、梯子、编织麻袋、柴油、雨靴、铁锹、雨衣、喊话喇叭、担架、反光背心、警示带、警示条、警戒绳、三角旗、潜水泵、发电机、三级配电箱、交流电焊机、照明灯具、平板式手推车、水桶等。

应急装备可分为基本装备和专用救援装备。基本装备主要包括通信装备、交通工具、照明装置、防护装备等，专用救援装备主要指各专业救援队伍所用的专用工具（物品），主要包括消防设备、泄漏控制设备、个人防护设备、通信联络设备、医疗支持设备、应急电力设备、资料等。水利工程单位根据应急预案和事故应急处置要求在事故现场配备的常用应急设备与工具有：输水装置、软管、喷头、自用呼吸器、便携式灭火器等消防设备，泄漏控制工具、探测设备、封堵设备、解除封堵设备等危险物质泄漏控制设备；防护服、手套、靴子、呼吸保护装置等个人防护设备，对讲机、移动电话等通信联络设备；救护车、担架、夹板、氧气、急救箱等医疗支持设备，以及备用发电机和相关资料；并做到数量充足、品种齐全、质量可靠。

（二）应急设施设备及物资的储备发放与维护管理

1. 储备管理

经检验合格的应急物资根据仓库的条件和物资的不同属性，将被逐一分类，根据物资的保管要求、仓储设施条件及仓库实际情况，确定具体的存放区；为方便抢修物资存放，减少人为差错，露天存放的物资要上盖下垫，并持牌标明品名、规格、数量；性质相抵触的物资和腐蚀性的物资应分开存放，不准混存；加强物资保管和保养工作，做到"六无"

保存，即无损坏、无丢失、无锈蚀、无腐烂、无霉烂变质、无变形；精密仪器、仪表、量具恒温保管，定期校验精度；轴承用不吸油或塑料薄膜纸包装存放，电气物资要做好防灭火措施；库存物资要坚持永续盘点和定期盘点，做到账、单、物、资金四对口，损坏物资要如实上报，并查明原因，报领导审批，保管员不得以盈补亏来自行处理盘盈和损坏物资；代保管物资应和在账物资同等对待；仓库卫生整洁，做到货架无灰尘、地面无垃圾；应急物资具备防止受到雨、雪、雾的侵蚀和日光暴晒的措施，有防止应急物资被盗用、挪用、流失和失效的措施，并及时对各类物资及时予以补充和更新，检查人员每月要定期检查一次应急物资和工具的情况，发现缺少和不能使用的及时提出和督促，确保物资和工具的正常功能。应急物资的调拨由事故应急救援领导小组统一调度、使用，应急物资调用根据"先近后远，满足急需""先主后次"的原则进行，建立与其他地区、其他部门物资调剂供应的渠道，以备物资短缺时，可迅速调入。

2. 发放管理

物资保管员坚守岗位，随到随发，发料迅速、准确。严格领发料手续，保管员发料时，要严格按规定签发的领料单的物资品名、规格、数量发放，实发物资论件的不得多发或少发，小件定量包装的尽量整包发放，料单和印鉴齐全。发料要一次发清，当面点清，凡已办完出库手续，领用单位不能领出的，或当月不能领出的设备及大宗材料，保管员应与领料人做好记录，双方签字认可办理代保管手续。出库物资的过磅、点件、检尺、计量要公平，磅码单、检尺数、材质检验单设备两证（产品合格证、质量检验证）、说明书及随机工具、零配件要在发料时一并发出。凡规定"交旧领新"或退换包装品物资必须坚持"交旧领新"和回收制度。材料保管员发料要贯彻物资"先进先出"、有保存期的先发出、不合格物资不出库的原则。材料保管员不得以任何理由，在发料时以盈补亏，刁难领料人员补单，为自己承担丢失、串发、损坏物资的责任。文明礼貌，不得对领料人员行使不文明、不道德的行为。

3. 维护管理

设备或设施、防护器材的每日检查应由所在岗位人员执行，内容是检查器材或设备的功能是否正常；定期对备用电源进行 1～2 次充放电试验，1～3 次主电源和备用电源自动转换试验，检查其功能是否正常，看是否自动转换，再检查一下备用电源是否正常充电；每周要对消防通信设备进行检查，并对所设置的所有电话进行调度与通话试验，确保信号清晰、通话畅通、语音清楚；每周检查备品备件、专用工具等是否齐备，并处于安全无损和适当保护状态；消火栓箱及箱内配装的消防部件的外观有无破损、涂层有无脱落，箱门玻璃是否完好无缺；消火栓、供水阀门及消防卷盘等所有转动部位应定期加注润滑油；每周对灭火器等消防器材进行检查，确保其始终处于完好状态；检查灭火器铅封是否完好；灭火器已经开启后即使喷出不多，也必须按规定要求再充装，充装后应做密封试验并牢固铅封，检查灭火器压力表指针是否在绿色区域，如指针在红色区域应查明原因，及时检修并重新灌装；检查可见部位防腐层的完好程度，轻度脱落的应及时补好，明显腐蚀的应送消防专业维修部门进行耐压试验，合格者再进行防腐处理；检查灭火器可见零件是否完整，有无变形、松动、锈蚀，如压杆和损坏装配是否合理；检查喷嘴是否通畅，如有堵塞应及时疏通。每半年应对灭火器的重量和压力进行一次彻底检查，并应及时充填；对干粉灭火器每年检查一次出粉管、进气管、喷管、喷嘴和喷枪等部分有无干粉堵塞出粉管防潮堵、膜是否破裂；筒体内干粉是否结块；灭火器应进行水压试验，一般每五年一次，化学泡沫灭火器充装灭火剂两年后每年一次，加压试验合格方可继续使用，并标注检查日期；检查灭火器放置环境及放置位置是否符合设计要求，灭火器的保护措施是否正常；防尘口罩及相关部件应经常保持清洁、干燥，防止损坏，每月至少进行一次全面检查。

第四节　应急响应及事故管理

一、应急响应及恢复

（一）分级别的应急响应

1. 生产安全事故的应急响应

一般水利工程生产安全事故类型主要有物体打击、车辆伤害、机械伤害、起重伤害、触电、淹溺、沉船、翻船、灼烫、火灾、高处坠落、坍塌等。根据水利生产安全事故级别和发展态势，将生产安全事故应急响应设定为一级、二级、三级3个等级。发生重大或特别重大生产安全事故，启动一级应急响应；发生较大生产安全事故，启动二级应急响应；发生一般生产安全事故或较大涉险事故，启动三级应急响应。

一级应急响应的程序：启动响应→成立应急指挥部→会商研究部署→派遣现场工作组→跟踪事态进展→调配应急资源→及时发布信息→配合国务院、省政府或有关部门开展工作→其他应急工作→响应终止。

二级应急响应的程序：启动响应→成立应急指挥部→会商研究部署→派遣现场工作组→跟踪事态进展→调配应急资源→及时发布信息→配合省或地方有关部门开展工作→其他应急工作→响应终止。

三级应急响应的程序：启动响应→成立应急指挥部→会商研究部署→派遣现场工作组→跟踪事态进展→其他应急工作→响应终止。

2. 洪涝灾害的应急响应

按洪涝灾害的严重程度、范围，应急响应级别从高到低分为四级：Ⅰ级应急响应（红色）、Ⅱ级应急响应（橙色）、Ⅲ级应急响应（黄色）、Ⅳ级应急响应（蓝色）。警戒水位根据严重程度设防最高警戒水位、二级警戒水位、三级警戒水位、四级警戒水位。

出现下列情况之一者为Ⅰ级应急响应：省防汛防旱指挥部发出防汛防旱一级预警；引河堤防水位超过最高警戒水位或出现堤防垮塌事故；闸站工程出现重大险情，极有可能出现垮塌；6小时内可能受台风影响或已遭受台风影响，平均风力12级以上，需要外部力量支持。

出现下列情况之一者为Ⅱ级应急响应：省防汛防旱指挥部发出防汛防旱二级预警；引河堤防平均水位超过二级警戒水位，极有可能出现堤防垮塌事故；闸站工程出现较大险情，极有可能出现局部垮塌；12小时内可能或已经受强热带风暴影响，平均风力10～12级，需要外部力量支持。

出现下列情况之一者为Ⅲ级应急响应：省防汛防旱指挥部发出防汛防旱三级预警；引河堤防平均水位超过三级警戒水位，极有可能出现堤防局部坍塌；24小时内可有或已经受热带风暴影响，平均风力8～10级。

出现下列情况之一者为Ⅳ级应急响应：省防汛防旱指挥部发出防汛防旱四级预警；引河堤防水位超过三级警戒水位，有可能出现堤防局部坍塌；24小时内可能或已经受热带低压影响。

（1）Ⅰ级应急响应程序

Ⅰ级应急响应属于特别重大级别，管理处在启动相应应急预案的同时，应及时请求省厅或地方应急救援机构启动上一级应急预案。其程序如下：启动应急响应，部署防汛防旱应急工作；增加防汛值班人员，加强值班，密切监视汛情、旱情和工情的发展变化，及时发布汛（旱）情信息，报道汛（旱）情及抗洪抢险、防旱措施；组织人员加强防守巡查，及时控制险情；按照预案组织防汛抢险或组织防旱，并将工作情况上报当地政府和省防汛防旱指挥部；防汛防旱领导小组成员单位全力配合做好防汛防旱和抗灾救灾工作；船闸停航，且控制闸室上下游水位。

（2）Ⅱ级应急响应程序

Ⅱ级应急响应属于重大级别，在启动相应应急预案的同时，应及时请求省厅或当地应急救援机构启动上一级应急预案。除最后一条改为"船闸实行应急管制，根据水位变化随时停航"外，其他应急响应程序同Ⅰ级应急响应。

（3）Ⅲ级应急响应程序

Ⅲ级应急响应属于较大级别，由引江河水利工程单位防汛防旱领导小组启动相应应急预案并组织有关部门实施救援。其程序：防汛防旱领导小组组长或委托副组长主持会商，做出相应工作安排；密切监视汛情、旱情和工情的发展变化，定期发布汛（旱）情信息；按照预案组织防汛抢险或组织防旱，处防汛防旱领导小组办公室应将工作情况上报当地政府和省防汛防旱指挥部；防汛防旱领导小组成员单位全力配合做好相关工作。

（4）Ⅳ级应急响应程序

Ⅳ级应急响应属于一般级别，由发生地工程单位启动相应应急预案并实施救援。其程序：基层单位主要负责人启动相应预案；加强汛情、旱情监视；按照预案组织防汛抢险或组织防旱，发生地基层单位应将工作情况上报单位防汛防旱领导小组办公室。

（二）报警与接警

突发安全事故发生时，处于生产现场或首先赶到现场的人员有责任立即报警。接到报警电话后，事故发生信息将立即送达对应级别的应急救援指挥中心，中心将在第一时间内发布救援命令，首先启动应急救援队的值班人员，值班人员及时记录报告的事故发生区的基本情况，按预案规定，通知指挥部所有人员在规定时限到达集中地点，并及时向省水利厅和当地地方政府及其有关部门报告，并根据情况与参与应急救援工作的当地驻军取得联系，且向他们通报情况，根据情况的危急程度，按预案规定通知各应急救援组织做好出动准备。这时应急救援指挥中心将与现场救援人员保持通信热线的畅通，并随时根据情况，下达指令，集合其他应急救援队员，在本行业、本地区的应急救援队员不能满足事故应急救援需求时，将请求外部救援队员的支持。

事故发生后，现场部门负责人员在进行事故报告的同时，应迅速组织实施应急管理措施，撤离、疏散现场人员和群众，防止事故蔓延、扩大，事故发生后，如有人员伤亡，应立即组织对受伤人员的救护，保护事故现场和相关证据。重点做好以下工作：一是及时掌握事故发生时间与地点、种类、强度、事故现场伤亡情况、现场人员是否已安全撤离、是否还在进行抢险活动；二是对可能引发事故的险情信息及时报告分管领导和值班室，如发生较大生产安全事故和有人员死亡的生产安全事故，根据事故的严重程度及情况的紧急程度，按预案规定的应急级别发出警报；三是迅速集中抢险力量和未受伤的岗位职工投入先期抢险，抢救受伤害人员和在危险区的人员，组织本单位医务力量抢救伤员，并将伤员迅速转移至安全地点，停止相关设备运转，清点撤出现场的人员数量，必要时，组织本单位人员撤离危害区；四是有效保护事故现场和相关证据，根据事故现场的具体情况和周围环境，划定保护区的范围，布置警戒线，必要时，将事故现场封锁起来，禁止一切人员进入保护区，即使是保护现场的人员，也不能无故出入，更不能擅自进行勘查，禁止随意触摸或者移动事故现场的任何物品，因抢救人员、防止事故扩大及疏通交通等原因，要移动事故现场物件的，必须经过事故单位负责人或者组织事故调查的安全生产监督管理部门和负有安全生产监督管理职责的有关部门的同意，并做出标志，绘制现场简图并做出书面记录，妥善保存现场重要痕迹、物证。

通信协调和联络部门负责保持各应急组织之间高效的通信能力，保证应急指挥中心与外部的通信不中断，通知相关人员、动员应急人员并提醒其他无关人员采取防护行动，通信联络负责人根据情况使用警笛和公共广播系统向单位人员通报应急情况，必要时通知他们疏散。同时与外部机构保持联络。

（三）主要应急处置措施

1. 雨雪冰冻灾害

泵站管理部门加强对水工建筑物、闸门、启闭机、机电设备等的检查，保障工程处于正常状态，及时除雪、除冰，如闸门受冰冻影响较大，应在结冰厚度达到危险厚度前召集人员进行破冰处理，消除闸门周边和运转部位的冻结，确保闸门的正常启闭，变电所内的母线等出现冰凌时应及时去除。雨雪冰冻灾害严重时，须根据领导小组指示，必要时关闭或停止运行相关工程设备等。

船闸管理部门加强对水工建筑物、闸阀门、启闭机等的检查，保障运行正常，及时清除主要道路、船员行走通道等的积雪、结冰，闸阀门受冰冻影响较大时，应进行破冰处理，消除闸阀门周边和运转部位的冻结，并密切关注过往船只的航行安全。雨雪冰冻灾害严重时，须按照领导小组指示，必要时停止通航等。

抗旱排涝管理部门加强对厂房、机库、船机、岸机及配套件等的检查，采取预防雨雪冰冻措施，保护好设备设施；对管理范围内进行除雪、除冰，确保生产生活秩序正常。

其他部门做好防范冰冻雨雪灾害物资的储备，加强设施的防冻准备，及时对管理区域内进行除雪、除冰，保持道路畅通，雨雪冰冻天气，公务车辆出行应做好安全行车的各项准备，加装防冻液，必要时应加装防滑链，遇到较大雨雪冰冻情况时尽量避免外出，车辆停放尽量入库，室外停放在避风有遮挡的地方。

2. 地震

（1）当地市政府、水利厅发布临震预报后的应急响应

根据厅抗震救灾指挥部的指示精神和地震预报情况，地震预案启动，抗震救灾领导小

组迅速做出部署。①通知各个基层单位及各抗震救灾工作小组人员立即上岗，并根据预案中各自的职责分工迅速展开工作。得到正式临震警报或通知后，正在运行的设备要立即停止运行，船闸关闸停航，进入临震备战状态。要迅速而有秩序地动员和组织群众撤离房屋。处办公楼内职工要有组织地就近沿楼梯疏散，避免乘坐电梯下楼。单位的车辆要开出车库，抢险冲锋舟要远离建筑物，停靠在空旷地方，以便在抗震救灾中发挥作用。为确保震时人员安全，震前要就近划定工作人员避震疏散路线和场所。当须要撤离时，泵站管理所职工、水闸管理所职工和机关工作人员疏散到广场、生活区篮球场等场所。②根据预报的地震震情，下令启动各级应急预案，进入临震状态。③对工程设备、河道的关键部位部署严密的监控，发现问题及时处置，并采取必要的防范措施。④及时向省水利厅和当地市抗震救灾指挥部汇报我处的抗震救灾准备情况，并请上级部门及时协调存在的问题，按上级部门指令完成抗震救灾任务。

（2）地震后的应急响应

①突发地震后，迅速组织抗震救灾领导小组成员上岗，进行灾情的调查汇总工作，并及时向省水利厅和当地市人民政府通报情况，启动应急预案。②根据灾害情况及出现的险情，积极组织协调抢险队伍，研究调度方案，及时制订并落实抢险方案。③全面了解和掌握抢险救灾的进程，及时处理抢险过程中的重大问题，随时与省水利厅和当地市抗震救灾指挥部通报信息，及时落实上级部门的各项指令，必要时请求得到上级部门的支持。④尽一切力量避免次生灾害的发生，地震过后积极组织工程观测和设备检测，编制维修计划上报省厅，保证正常的生产生活秩序尽快恢复。

3. 泵站

（1）主变失电

检查主机开关、站变开关、进线开关及变电所主变高压侧开关是否跳闸，如未跳闸，迅速采用电动或手动分闸，并将真空开关手车拉至试验位置；检查机组上道出水门是否已正常关断；主机组是否已停止运转。如没有关闭，使用现场快关旋钮，手动关闭出水侧快速闸门进行断流，防止机组飞逸，再分断励磁电源及各辅助设备工作电源开关；检查失电原因，根据不同失电原因采取不同应急措施；若高压进线断电，则联系上级供电部门（市调），配合查找失电原因，尽快恢复供电；若主变保护动作自动跳闸，查明主变何种保护动作及跳闸时有何外部现象，若是由二次回路故障或过负荷等外部因素引发，可通过修复控制回路、降低负荷后重新投入运行；若是瓦斯保护或差动保护跳闸，必须对变压器进行全面检查与试验，必要时进行变压器吊芯大修处理，所有故障消除后才能投运；主变投运前使用备用线路临时供生活、办公用电。

（2）主机跳闸

检查相应机组上道出水门是否已正常关断，主机组是否已停止运转，没有则应立即启用辅助设施使其可靠断流；检查励磁装置是否已自动灭磁，没有则应立即断开其交流电源开关；检查相应机组的真空断路器是否已在断开位置，没有则应立即予以断开退出相应主机真空断路器手车至试验位置；检查保护装置动作情况，分析故障原因，排除故障后重新投入运行。

主机泵必须紧急停机情景：主机启动时投励过早（带励启动）引起机组剧烈振动或异步启动 15 秒内不能牵入同步（不投励）；主机组启动后进出水工作门异常；主电机电气设备发生火灾及人身或设备事故；主电机声音、温升异常，同时转速下降（失步）；主水泵内有清脆的金属撞击声；主机组发生强烈振动；同步电机的碳刷和滑环间产生火花且无法消除；同步电机励磁装置故障无法恢复正常；辅机系统（冷却水）故障无法修复使推力瓦温度超过 70℃、油缸内油的温度超过 60℃；主电机油缸内油位迅速降低或升高；发生危及主电机安全运行故障且保护装置拒绝动作，直流电源消失、一时无法恢复，冷却风机定子铁芯、线圈温度急剧上升超过规定数值，填料严重漏水危及机组安全运行，上下游引河道发生安全事故或出现危及泵站安全运行的险情。

（3）SF_6 气体中毒和有限空间作业事故

有 SF_6 气体泄漏信号发出或充 SF_6 设备发生爆炸，以及人员在巡视过程中发生中毒，且根据中毒的危害判断为 SF_6 气体分解物中毒时，安排人员拨打 120 求助医护人员，应急小组成员应穿好安全防护服，佩戴正压式空气呼吸器、手套和护目眼镜，采取充分防护措施后，才能进入事故设备区域；将 SF_6 气体分解物中毒人员撤离到安全区域，并及时送往市区医院救治，等待救护和送往救治前，若中毒人员皮肤仍残留有 SF_6 分解物应用清水洗净；现场对 SF_6 气体泄漏断路器或爆炸的设备进行检查，为防止 SF_6 气体使无防护人员中毒，在泄漏点周围 8 m 范围内要做好防止人员进入的隔离措施，若现场检查确为断路器 SF_6 气体泄漏或爆炸，电气设备已无法继续运行，应做好异常设备的隔离及安全措施，为设备检修和恢复运行做好准备，处理固体分解物时，必须用吸尘器，并配有过滤器，凡用过的抹布、防护服、清洁袋、过滤器、吸附剂、苏打粉等均应用塑料袋装好，放在金属容器里深埋，不允许焚烧；防毒面罩、橡皮手套、靴子等必须用小苏打溶液洗干净，再用清水洗净；工作人员身体裸露部分均须用小苏打水冲洗，然后用肥皂洗净抹干。SF_6 气体分解物中毒可能与人员触电、设备爆炸、着火、断路器爆炸、地震灾害、电压互感器爆炸着火、电流互感器着火等同时发生，按人身触电现场处置方案、火灾事故现场处置方案实施。

发生有限空间作业事故时，现场应急指挥负责人和应急救援人员首先应对事故情况进行初始判断，根据观察到的情况，初步分析事故的范围和扩展的潜在可能性；使用检测仪器对有限空间有毒有害气体的浓度和氧气的含量进行检测，无检测仪器时可以使用动物检测法或蜡烛法进行检测；根据测定结果采取强制性持续通风等措施降低危险，保持空气流通，严禁用纯氧进行通风换气；应急救援人员要穿戴好必要的劳动防护用品，系好安全带，以防止受到伤害；在有限空间内救援照明灯应使用12V以下安全行灯，照明电源的导线要使用绝缘性能好的软导线；发现有限空间有受伤人员，用安全带系好被抢救者两腿根部及上体妥善提升，使患者脱离危险区域，避免影响其呼吸或触及受伤部位；救援过程中，有限空间内救援人员与外面监护人员应保持通信联络畅通并确定好联络信号，在救援人员撤离前，监护人员不得离开监护岗位；救出伤员后应对伤员进行现场紧急救护，并及时将伤员转送医院。

（4）人员落水

人员落水后，现场负责人立即组织施救；在保证自身安全的前提下，迅速将溺水者从水中救出；多人落水时，应该按照"先近后远，先水上后水下"的顺序进行施救。投入木板、长杆等，让落水者漂浮在水面上或尽快上岸；溺水者救出水面后立即检查，清除其口、鼻腔内的水、泥及污物，将其脸歪向一侧，以清除出呼吸道的水、避免舌头堵住呼吸道；解开溺水者衣扣、领口，以保持呼吸道通畅，天气寒冷或溺水者体温较低时要采取保暖措施；如果溺水者处于昏迷状态但呼吸心跳未停止，应立即进行口对口人工呼吸，同时进行胸外按压，直至溺水者恢复呼吸为止；如溺水者心跳已停止，应先进行胸外心脏按压，直到心跳恢复为止；对溺水休克者，无论情况如何，都必须从发现开始持续进行心肺复苏抢救，不得放弃抢救，直到现场医疗急救医生确定溺水者死亡后，方可终止心肺复苏抢救；施救人员迅速确定事故发生的准确位置、溺水人数及程度、失踪人数等，看护现场，并维护现场秩序；指派专人拨打急救电话，施救困难时，及时拨打报警电话，要详细说明事发地点、溺水人数及程度、联系电话等，并到路口接应；及时将事件发生的时间、地点、溺水和失踪人数及采取救治措施等情况报告主管领导。

（四）应急救援行动和现场恢复

1. 应急人员出动和救援

应急救援队值班人员接到出发指令以后，立即启动交通车辆，装载必要的救护专业设施，赶到应急事故现场进行施救。

在这一环节包括两方面的任务，当应急救援人员到达现场时，根据对事故发生原因和影响后果的初步判断，确定应急对策，即应急行动方案，及时确定采取现场应急对策，包括初始评估、危险物质的探测、建立现场工作区域、确定重点保护区域、防护行动、应急行动的优先原则、应急行动的支援及其现场相应措施。应急行动的优先原则是员工和应急救援人员的安全优先、防止事故扩展优先、保护环境优先，避免事故严重程度升级，使事故点的生产设施尽快恢复正常运转，救护事故现场人身安全，使伤员得到及时的救治，并根据受伤危重程度，及时送医院救治。

在安全事故发生时，生产一线人员应该有责任对出现的安全事故进行第一时间的自救和互救，避免因为等待急救或外界援助而使微小事故酿成大灾难，为此，对全体员工安全事故应急处置与救援的培训应成为企业应急管理的必备环节，同时建立在应急预案基础上的应急救援与演练，对于提高员工应对突发安全事故的能力具有重要作用。

在专业应急救援队伍进行第一轮救援后，如果局势不能够得到很好的控制，而且，事故危害范围逐步扩大，超出了应急救援队现有能力能够处置的范围，则必须由应急指挥中心下达命令，调集应急志愿者队伍的参与。应急支援者队伍主要从事外围的辅助性救援工作，如事故现场的戒严与维持秩序、救援物资的搬运，以及群众性的宣传工作。因此，志愿者队伍的应急救援活动也是应急救援活动的一项重要补充。

2. 现场恢复

现场恢复是指将事故现场恢复到相对稳定、安全的基本状态。根据事故类型和损害严重程度，具体问题具体解决，主要考虑如下内容：宣布应急结束，组织重新进入和人群返回，受影响区域的连续检测，现场警戒解除和清理，损失状况评估，恢复损坏区的水、电等供应，抢救被事故损坏的物资和设备，恢复被事故影响的设备、设施，事故调查。

二、事故管理

（一）事故分类

1. 按人员伤亡或者直接经济损失分类

根据生产安全事故（以下简称"事故"）造成的人员伤亡或者直接经济损失，水利安全生产事故分为特别重大生产安全事故、重大生产安全事故、较大生产安全事故、一般生产安全事故。特别重大生产安全事故是指造成30人以上死亡或者100人以上重伤（包括急性工业中毒）或者1亿元以上直接经济损失的事故；重大生产安全事故是指造成10人以上30人以下死亡或者50人以上100人以下重伤或者5000万元以上1亿元以下直接经济损失的事故；较大生产安全事故是指造成3人以上10人以下死亡或者10人以上50人以下重伤或者1000万元以上5000万元以下直接经济损失的事故；一般生产安全事故是指造成 3 人以下死亡或者 10 人以下重伤或者 1000 万元以下直接经济损失的事故。

其中，未造成人员伤亡或直接经济损失的一般事故，根据涉险程度，又分为较大涉险事故和一般涉险事故。较大涉险事故包括涉险 10 人及以上的事故、造成 3 人及以上被困或者下落不明的事故、紧急疏散人员 500 人及以上的事故、危及重要场所和设施安全的事故和其他较大涉险事故。一般涉险事故是指人员、场所和设施涉及危险但不构成较大涉险事故指标的事故。

2. 按伤害人体的程度分类

按伤害人体的程度，分为轻伤事故、重伤事故、死亡事故。轻伤事故是指一次事故中只发生轻伤的事故，轻伤是指造成职工肢体伤残，或某器官功能性或器质性程度损伤，表现为劳动能力轻度或暂时丧失的伤害，一般指受伤职工歇工在一个工作日以上，计算损失工作日低于 105 日的失能伤害，但够不上重伤者；重伤事故是指一次事故发生重伤（包括伴有轻伤）、无死亡的事故，重伤是造成职工肢体残缺或视觉、听觉等器官受到严重损伤，一般能引起人体长期存在功能障碍，或损失工作日等于和超过 105 日，劳动能力有重大损失的失能伤害；死亡是指事故发生后当即死亡（含急性中毒死亡）或负伤后在 30 天以内死亡的。

3. 按事故后果分类

按事故后果可分为生产及设备事故、伤亡事故、未遂事故。生产及设备事故是指设备突然不能运行或生产不能正常进行的意外事故；伤亡事故是指损失日大于 1 天的人身伤害或急性中毒事故；未遂事故是指性质严重但未造成严重后果的事故，也就是说，未遂事故的发生原因及其发生、发展过程与某个特定的会造成严重后果的事故是完全相同的，只是由于某个偶然因素，没有造成该类严重后果。

4. 按事故性质分类

按事故的性质可分为责任事故、非责任事故和破坏事故。责任事故是指可以预见、抵御和避免，但由于人的原因没有采取预防措施造成的事故；非责任事故包括自然事故和技术事故，自然事故是指由于自然界的因素而造成的不可抗拒的事故，技术事故是指由未知领域的技术问题而造成的事故；破坏事故是指为达到一定目的而蓄意造成的事故。

5. 按伤害方式分类

按伤害方式或专业类别可分为物体打击、车辆伤害、机械伤害、起重伤害、触电、淹溺、灼烫、火灾、高处坠落、坍塌、冒顶片帮、透水、放炮、火药爆炸、瓦斯（煤尘）爆炸、锅炉爆炸、压力容器爆炸、其他爆炸、中毒和窒息等 20 类。

（二）事故报告

水利生产安全事故（包括较大涉险事故）的信息报告应当及时、准确和完整。任何单位和个人对事故不得迟报、漏报、谎报和瞒报。

1. 事故报告程序

轻伤事故，由负伤者或事故现场有关人员直接或逐级报告单位负责人及相关部门。

重伤事故，由负伤者或事故现场有关人员直接或逐级报告单位负责人，再由单位负责人向当地安监部门、工会、公安部门、检察院和水行政主管部门报告。

一般生产安全事故，由负伤者或事故现场有关人员直接或逐级报告单位负责人，再由单位负责人向当地市级安监部门、劳动保障行政部门、工会、公安部门、检察院和水行政主管部门报告。

较大生产安全事故，由负伤者或事故现场有关人员直接或逐级报告单位负责人，再由单位负责人向当地市级安监部门、劳动保障行政部门、工会、公安部门、检察院和水行政主管部门报告，然后逐级报省级相关部门。

特别重大生产安全事故、重大生产安全事故，由负伤者或事故现场有关人员直接或逐级报告单位负责人，再由单位负责人向当地安监部门、劳动保障行政部门、工会、公安部门、检察院和水行政主管部门报告，然后由逐级报至国务院、国家安监总局、全国总工会、公安部、水利部、最高人民检察院等部门。

2. 事故报告方式和内容

事故报告方式有文字报告、电话快报、事故月报和事故调查处理情况报告等。文字报告内容包括事故发生单位及工程概况，事故发生时间、地点及事故现场情况，事故的简要经过，事故已经造成或者可能造成的伤亡人数（包括下落不明、涉险的人数）和初步估计的直接经济损失，已经采取的措施，以及其他应当报告的情况；电话快报内容包括事故发生单位的名称、地址、性质，事故发生的时间、地点，事故已经造成或者可能造成的伤亡人数（包括下落不明、涉险的人数）等；事故月报内容包括事故发生时间、事故单位名称、单位类型、事故工程、事故类别、事故等级、死亡人数、重伤人数、直接经济损失、事故原因、事故简要情况等；事故调查处理情况报告包括负责事故调查的人民政府批复的事故调查报告、事故责任人处理情况等。

3. 事故报告时间

事故发生后，事故现场有关人员立即向单位负责人电话报告；单位负责人接到报告后，在 1 小时内向主管单位、有管辖权的水行政主管部门和事故发生地县级以上安监部门电话报告。情况紧急时，事故现场有关人员可以直接向事故发生地有管辖权的水行政主管部门和事故发生地县级以上安监部门电话报告。在事故发生 24 小时内，向当地安监部门通报事故有关信息，填写生产安全事故信息快报；在事故发生 7 日内，及时通报补充完善事故快报信息，填写生产安全事故信息续报；在事故发生之日起 30 日内，事故情况和伤亡人员发生变化的及时续报。每月在水利部水利安全信息上报系统中及时上报当月发生的生产安全事故，若没有发生生产安全事故也应及时上报。

迟报、漏报、谎报和瞒报事故行为是指：报告事故时间超过规定时限；因过失对应当上报的事故或者事故发生的时间、地点、类别、伤亡人数、直接经济损失等内容遗漏未报；故意不如实报告事故发生的时间、地点、类别、伤亡人数、直接经济损失等内容；故意隐瞒已经发生的事故。

（三）事故调查

所谓事故调查，是指在事故发生后为获取有关事故发生原因的全面资料，找出事故的根本原因，防止类似事故的再次发生而进行的调查。事故调查的主要目的就是防止事故的再发生，也就是说，根据事故调查的结果提出整改措施，控制或消除此类事故。同时，对于重大特大事故，包括死亡事故，甚至重伤事故，事故调查还是满足法律要求，提供违反有关安全法规的资料，使司法机关正确执法的主要手段。此外，通过事故调查还可以描述事故的发生过程，鉴别事故的直接原因与间接原因，从而积累事故资料，为事故的统计分析及类似系统、产品的设计与管理提供信息，为企业或政府有关部门安全工作的宏观决策提供依据。事故调查对象主要是重大事故、未遂事故或无伤害事故、伤害轻微但发生频繁的事故、可能因管理缺陷引发的事故、高危险工作环境的事故、适当的抽样调查。事故调查是一门科学，也是一门艺术。

1. 事故调查准备

事故调查准备工作包括调查计划、人员组成及培训和调查工具的准备等。

事故调查计划中至少应包括：及时报告有关部门，抢救人的生命，保护人的生命和财产免遭进一步的损失，保证调查工作的及时执行。及时报告有关部门，是指及时通知事故直接影响区域内工作的人员或其他人员、从事生命抢救及财产保护的人员、上层管理部门的有关人员、专业调查人员、公共事务人员、安全管理人员等。

按不同程度事故，调查人员由不同的人员组成。轻伤、重伤事故，由单位负责人或其指定人员组织生产、技术、安全等有关人员及工会成员参加的事故调查组进行调查；一般死亡事故，由主管部门会同所在地县（市）级安监部门、公安部门、检察院、工会组成事故调查组进行调查；较大死亡事故，由地市级主管部门、安监部门、公安部门、检察院、专家等人员组成事故调查组进行调查，重大事故由省级主管部门、安监部门、公安部门、工会、检察院、专家等组成事故调查组进行调查，特别重大事故由国务院或国务院授权部门组织主管部门、安全监督部门、公安部门、工会、检察院、专家组成事故调查组进行调查。

对于调查工具，则因被调查对象的性质而异。通常来讲，专业调查人员必备的调查工具有相机和胶卷，纸、笔、夹，有关规则、标准，以及放大镜、手套、录音设备、急救包、绘图纸、标签、样品容器、罗盘和其他常用的仪器（包括噪声、辐射、气体等的采样或测量设备及与被调查对象直接相关的测量仪器等）。

2. 事故调查的一般程序

事故调查一般按以下顺序进行：事故通报；事故调查组成立；现场处理，如现场危险分析、现场抢救、现场保护、防止灾害扩大措施等；现场勘查人、部件、位置和文件等；人证的保护与问询；物证的收集与保护（包括破损部件、碎片、残留物、致害物、数据记录装置，事故位置地点、相关物质位置，受害者和肇事者相关情况，事故前设备性能和质量情况、设计和工艺资料、环境状况、个体防护情况等相关资料）；事故现场拍照；编制事故现场图（包括现场位置图、现场全貌图、现场中心图、专项图等，可采用比例图、示意图、平面图、立体图、投影图、分析图、结构图以及地貌图等）；技术鉴定及模拟试验；事故原因分析；完成事故调查报告书；归档。

3. 事故分析

事故分析是根据事故调查所取得的证据，进行事故的原因分析和责任分析。事故的原因包括事故的直接原因、间接原因和主要原因；事故责任分析包括事故的直接责任者、领导责任者和主要责任者。

事故分析包括现场分析和事后深入分析两部分。

现场分析的原则和要求：必须把现场勘查中收集的资料作为分析的基础，同时，在分析前应对已收集材料甄别真伪；既要以同类现场的一般规律作指导，又要从个别案件实际出发；充分发扬民主，综合各方面的意见，得出科学的结论。

现场分析的方法有比较、综合、假设和推理。比较是将分别收集的两个以上的现场勘查材料加以对比，以确定其真实性和相互补充、印证的一种方法；综合是将现场勘查材料汇集起来，然后就事故事实的各方面加以分析，是一个由局部到整体、由个别到全面的认识过程；假设是根据现场有关情况推测某一事实的存在，然后用汇总的现场材料和有关科学知识加以证实和否定；推理是从已知的现场材料推断未知的事故发生的有关情况的思维活动。要求现场分析人员运用逻辑推理方法，对事故发生的原因、过程、直接责任人等进行推论，这也是揭示事故案件本质的必经途径。

事后深入分析包括综合分析法、个别案例技术分析法、系统安全分析方法三大类。

综合分析法是针对大量事故案例进行事故分析的一种方法。大体分为统计分析法和按专业分析法。统计分析法是以某一地区或某单位历来发生的事故为对象，进行统计综合分析；按专业分析法是将大量同类事故的资料进行加工、整理，提出预防事故措施的方法。

个别案例技术分析法是针对某个案例，特别是重大事故，从技术方面进行事故分析的方法。即应用工程技术知识、生产工艺原理及社会学等多学科的知识，对个别案例进行旨在研究事故的影响因素及组合关系，或根据某些现象推断事故过程的事故分析方法。

系统安全分析方法是运用逻辑学和数学方法，结合自然科学和社会科学的有关理论，分析系统的安全性能，揭示其潜在的危险性和发生的概率，以及可能产生的伤害和损失的严重程度。系统安全分析是系统安全的重要内容之一，是进行安全评价和危险控制及安全保护的前提和依据。只有分析准确，才能正确地评价，才有可能采取相应的安全措施，消除或控制事故的发生。

（四）事故处理与结案

1. 事故处理原则

事故处理原则为"四不放过"原则，即事故原因分析不清不放过、事故责任者和群众没有受到教育不放过、没制定出防范措施不放过、事故责任者未受处理不放过。

2. 事故结案类型

（1）责任事故

因有关人员的过失而造成的事故。

（2）非责任事故

由自然界的因素造成的不可抗拒的事故，或由未知领域的技术问题造成的事故。

（3）破坏事故

为达到一定目的而蓄意造成的事故。

3. 责任事故的处理

对于责任事故，应区分事故的直接责任者、领导责任者和主要责任者。其行为与事故的发生有直接因果关系的，为直接责任者；对事故的发生负有领导责任的，为领导责任者；在直接责任者和领导责任者中，对事故发生起主要作用的为主要责任者。

根据事故的责任大小和情节轻重，给予批评教育或必要的行政处分，后果严重已形成犯罪的，报请检察部门提起公诉，追究刑事责任。

（1）追究领导责任情形

由于安全生产规章制度和操作规程不健全，职工无章可循，造成伤亡事故的；对职工未按规定进行安全教育，或职工未经考试合格就上岗操作，造成伤亡事故的；设备超过检修期限运行或设备有缺陷，又不采取措施，造成伤亡事故的；作业环境不安全，又不采取措施，造成伤亡事故的；由于挪用安全技术措施经费，造成伤亡事故的。

（2）追究肇事者和有关人员责任情形

由于违章指挥或违章作业、冒险作业，造成伤亡事故的；由于玩忽职守、违反安全生产责任制和操作规程，造成伤亡事故的；发现有发生事故危险的紧急情况，不立即报告，不积极采取措施，因而未能避免事故或减轻伤亡的；由于不服从管理、违反劳动纪律、擅离职守或擅自开动机器设备，造成伤亡事故的。

（3）重罚情形

对发生的重伤或死亡事故隐瞒不报、虚报或故意拖延报告的；在事故调查中，隐瞒事故真相，弄虚作假，甚至嫁祸于人的；事故发生后，由于不负责任，不积极组织抢救或抢救不力，造成更大伤亡的；事故发生后，不认真吸取教训、采取防范措施，致使同类事故重复发生的；滥用职权，擅自处理或袒护、包庇事故责任者的。

第六章 水利工程建设管理信息化技术

第一节 信息化技术

一、概述

21 世纪是信息化、数字化、网络化和知识化的时代，随着信息技术、计算机技术、网络技术的飞速发展，整个社会进入了一个飞速发展的阶段，信息产业逐步成为国家的支柱产业，成为国民经济发展新的增长点，信息化程度已经成为各国综合国力竞争的焦点，成为评价综合国力的重要标志。"信息化"一词最初起源于日本，是相对于"工业化"概念而提出的。20 世纪 60 年代，世界经济呈现出快速发展态势，但这样的快速发展是以资本的高投入和资源的高消耗为代价的，70 年代，在世界范围内爆发了大规模的石油危机，这次危机推进了由可触摸的物质产品起主导作用向信息产业起主导作用的根本性转变。

各国学者对"信息化"的内涵和外延也进行了深入而细致的研究，从不同的角度进行了概括和阐释，其中不乏真知灼见，但由于人们的认识角度不同，对"信息化"的理解也不尽一致，但总体对"信息化"内涵的认识基本趋近一致。信息化就是在国家的统一规划和领导下，在国民经济和社会发展的方方面面广泛应用信息、技术，大力开发信息资源，全面提高社会生产力，实现社会形态从工业化社会向信息化社会转化的发展过程。

信息化是综合国力较量的重要因素，是振兴经济、提高工业竞争力、提高人类生活质量的有力手段；信息产业的竞争，以及对开发、利用、占有、控制信息资源的争夺，是国家、跨国公司地位和实力竞争的核心。

信息技术是主要用于管理和处理信息所采用的各种技术的总称。它主要是应用计算机科学和通信技术来设计、开发、安装以及实施信息系统及应用软件。它也常被称为信息和通信技术。

水利信息技术包括水利信息生产、信息交换、信息传输、信息处理等技术。广义的水利信息活动包括信息的生产、传输、处理等直接的信息活动。首先，水利信息化为一个过程，即"向信息活动转化的过程，向信息技术、信息产业的发展过程和信息基础设施的形成过程"；其次，水利信息化为信息活动能力所具备的一定水平，即水利信息活动的"量"和"质"；最后，水利信息化为水利信息活动能力发挥的作用，信息技术水平、信息工业规模和信息基础设施能力为信息活动服务、为水利现代化建设服务的效果。

现代信息技术的发展为水利工程管理信息化建设提供了强有力的支持。从系统开发技术角度看，水利工程信息化系统技术构架的基本特征如下：

第一，支持软件能力成熟度模型。软件能力成熟度模型是目前国际公认的评估软件能力成熟度的行业标准，可适用于各种规模的软件系统。CMM 软件开发组织按照不同开发水平划分为 Initial（初始化）、Repeatable（可重复）、Defined（已定义）、Managed（已管理）和 Optimizing（优化中）5 个级别。CMM 的每一级是按完全相同的结构组成的，每一级包含了实现这一级目标的若干关键过程域。这些 KPA 指出了系统需要集中力量改进的软件过程。可指导软件开发的整个过程，大幅度地提高软件的质量和开发人员的工作效率，满足客户的需求。

第二，跨平台。HEIS 系统支持如 Windows、WindowNT、Linux、Solaris、HP-UX、JB-MAIX 等平台。对于使用多个不同平台开发的 HEIS 来说，一个统一、支持多平台的 HEIS 系统是最理想的。

第三，开发并行和串行的版本控制。HEIS 系统支持多用户并行开发，支持基于 Copy-Modify-Merge（复制—修改—合并）的并行开发模式和基于 Lock-Unlock-Lock（锁定—解锁—锁定）的串行开发模式。

第四，支持异地开发。HEIS 系统能够通过同步不同开发地点的存储库支持异地开发，提供多种同步方式，如直连网络同步、存储介质同步、文件传输同步（FTP、E-mail 附件）等。

第五，备份恢复功能。HEIS 系统自带备份恢复功能，无须采用第三方的工具，也无须数据库维护人员开发备份程序。

第六，基于浏览器用户界面。HEIS 系统通过浏览器用户界面浏览所有的项目信息，如项目的基本信息、项目的历史、项目中的文件、文件不同版本的对比、文件的历史记录、变更请求问题报告的状态等。

第七，图形化用户界面。HEIS 系统提供浏览器用户界面和基于命令行的使用界面，同时也提供图形化的用户界面。

第八，处理二进制文件。HEIS 系统能够处理文本文件，还可以管理二进制文件，而且对于二进制文件也能够实现增量传输、增量存储、节省存储空间、降低对网络环境的要求。

第九，基于 TCP/IP 协议支持不同的 LAN 或 WAN。HEIS 系统的客户端和服务器端的程序通过协议通信，能在任何局域网（LAN）或广域网（WAN）中正常工作。一旦将文件从服务器上复制到用户自己的机器上，普通的用户操作无须访问网络，如编译、删除、移动等。现代的系统应支持脱机工作、移动办公，无论在什么样的网络环境、操作系统下，所有客户端程序和服务器端程序都是兼容的。

第十，高效率。HEIS 系统具有一个良好的体系结构，使得它的运行速度很快，把传输的数据量控制到最小，从而节省网络带宽、提高速度。

第十一，高可伸缩性。HEIS 系统具有良好的可伸缩性。随着水利工程建设规模的扩大，HEIS 系统依然能正常工作，HEIS 系统的工作性能不会因为数据的增加而受影响。

第十二，高安全性。HEIS 系统能有效防止病毒攻击和网络非法复制，支持身份验证和访问控制，能对项目的权限进行配置。

二、信息化建设架构

水利是指人类社会为了生存和发展的需要，采取各种措施，对自然界的水和水域进行控制和调配，以防治水旱灾害，开发、利用和保护水资源。其中，用于控制和调配自然界的地表水和地下水，以达到兴利除害目的而修建的工程，称为水利工程。

水利工程按目的或服务对象可分为以下几种：

一是减免洪水灾害、提高土地利用效率的防洪工程。

二是防治旱、涝、渍灾，为农业生产服务的农田水利工程，或称灌溉和排水工程。

三是为工业和生活用水服务，并处理和排除污水和雨水的调水、城镇供水和排水工程。

四是防治水土流失和水质污染，维护生态平衡的水土保持工程和环境水利工程。

五是围海造田，满足工农业生产或交通运输需要的海涂围垦工程。

六是同时为防洪、供水、灌溉、发电、航运等多种目标服务的综合利用水利工程。

水利工程具有以下特点：工作条件复杂、规模大、技术复杂、工期长、投资多；有很强的系统性和综合性，对环境有很大影响；水利工程的效益具有随机性等。上述特点决定了水利工程管理对于水利工程效益的发挥至关重要。

水利工程管理就是在水利工程项目发展周期中，对水利工程所涉及的各项工作进行的计划、组织、指挥、协调和控制，以达到确保水利工程质量和安全，节省时间和成本，充分发挥水利工程效益的目的。

我国的水利工程信息化建设还处于起步阶段，各工程管理信息系统的建设独立且分散，缺乏整体规范的指导。因此，当前的水利工程管理信息化建设应达到信息系统内部结构的完善与稳定，使信息化建设能满足工程管理业务信息化正常运行的需要。

水利工程信息化建设的直接目标就是实现水利工程的信息化管理。而水利工程信息化管理就是运用信息理论，采用信息工具，对各种水利工程信息进行获取、存储、分析和应用，进而得到所需的新信息，为水利决策目标服务。

水利工程信息化的总体框架内容包括数据采集管理、数据管理、业务处理和数据输出方案。数据采集手段中，有原始数据采集和地图数据采集，数据采集成果有空间数据、关系型数据和非关系型数据。数据管理包括对空间数据管理和属性数据管理的方法。业务管理包括水利资源管理和监测、工程项目建设管理以及工程信息社会经济环境服务管理等方面。

（一）数据采集

数据采集包括原始数据采集和地图数据采集。原始数据采集主要包括：基于数字全站仪、电子经纬仪和电磁波测距仪等地面仪器的野外数据采集；基于 GIS 的数据采集；基于卫星遥感（RS）和数字摄影测量（DPS）等先进技术的数据采集。地图数据采集主要有地图数字化，包括扫描和手绘跟踪数字化。

（二）数据管理

计算机及相关领域技术的发展和融合，为水利空间数据库系统的发展创造了前所未有的条件，以新技术、新方法构造的先进数据库系统正在或将要给水利信息数据库系统带来革命性的变化。

针对不同系统（GIS 或 DBMS），根据系统需求和建设目标，采取不同的数据管理模式。

在数据管理模式实现的基础上，实现数据模型的研制问题，选取合适的数据模型以方便数据的管理。

尽可能采用成熟的数据库技术，并注意采用先进的技术和手段来解决水利工程信息化过程中的数据管理问题。应用面向对象数据模型使水利空间数据库系统具有更丰富的语义表达能力，并具有模拟和操纵复杂水利空间对象的能力，应用多媒体技术拓宽水利空间数据库系统的应用领域。

在数据库建立的基础上，实现数据挖掘、知识提取、数据应用和系统集成。

数据库主要数据管理模式包括以下几种：独立系统模式；附加系统模式；扩展系统模式；完整系统模式。

（三）业务处理

水利工程项目管理信息化是指将水利工程项目实施过程所发生的情况，如数据、图像、声音等采用有序的、及时的和成批采集的方式加工储存处理，使它们具有可追溯性、可公示性和可传递性的管理方式。以计算机、网络通信、数据库作为技术支撑，对项目整个生命周期中所产生的各种数据进行及时、正确、高效的管理，为项目所涉及的各类人员提供必要的高质量的信息服务。

针对水利工程项目信息化系统在数据、管理、功能等方面的特殊性要求，并结合一般项目管理内容，其业务主要包括以下几项：项目进度管理；项目质量管理；项目资金管理；项目计划管理；项目档案管理；项目组织管理；项目采购招标管理；项目监测管理；项目效益评价。

（四）数据输出

将实现对信息数据淋漓尽致的表达，使用户从多角度、多层次、实时地感受和理解对虚拟世界的分析和模拟。其数据输出主要包括以下内容：图件输出；表册输出；文档输出；多媒体输出。

三、信息化技术模式

水利工程管理信息化建设技术架构基本模式分为四个层次，即网络平台层、系统结构层、信息处理层和业务管理层。

（一）网络平台层

网络平台层是保证信息无障碍传输的硬件设施基础。其中 Intranet 是实现水利工程管理信息化内涵发展的信息传递通道，此 Intranet/Extranet 是保证水利工程管理信息化外延发展的信息传递通道。

（二）系统结构层

根据水利工程管理信息化的信息管理功能侧重点的不同，将水利工程管理信息化系统结构层次上的技术架构分为 HESCM 模式、ECRM 模式、HEERP 模式以及三者结合的 HEERP+HECRM+HESCM 混合模式。

（三）信息处理层

任何信息都必须经过输入、处理、输出的过程。水利工程管理信息作为水利工程信息化的核心内容，从水利信息所经不同的处理阶段来划分包括：基于空间数据采集管理的 HE3S 模式；基于资源、环境、经济数据处理的 HEMIS 模式；基于水利资源环境经济信息进行知识发现、挖掘以支持科学决策的 HEDSS 模式；以及以这三者结合 HE（3S+MIS+DSS）的综合模式。

（四）业务管理层

水利工程管理信息化建设的业务管理层则是实现工程建设和水利资源管理与监测业务的数字化。从其内容来看，主要包括资源利用、管理和监测以及工程建设项目管理等。

四、信息化技术理论

水利工程管理信息化理论体系是对水利工程管理信息化本质的认识和反映，是认识水利工程信息化的基本出发点。对水利工程信息化理论体系的探索有助于认识水利工程信息基本规律、信息属性、信息功能、信息模式和信息行为。

（一）水利工程 3S 技术

3S 技术通常指地理信息系统（GIS）、全球定位系统（GPS）和遥测技术（RS）的统称，是空间技术、传感器技术、卫星定位与导航技术和计算机技术、通信技术相结合，多学科高度集成的对空间信息进行采集、处理、管理、分析、表达、传播和应用的现代信息技术，在水利行业中有着广泛的应用。

（二）网络技术

网络技术是从 20 世纪 90 年代中期发展起来的新技术。它把互联网上分散的资源融为有机整体，包括高性能计算机、存储资源、数据资源、信息资源、知识资源、专家资源、大型数据库、网络和传感器等。

网络技术具有很大的应用潜力，能同时调动数百万台计算机完成某一个计算任务，能汇集数千科学家之力共同完成同一项科学试验，还可以让分布在各地的人们在虚拟环境中实现面对面交流。

计算机网络技术的广泛运用，使得水利等诸多行业向高科技化、高智能化转变，涉及水利工程的各项管理工作，如水文测报、大坝监测、河道管理、水质化验、流量监测、闸门监控等方面的计算机运用得到了快速、有效的发展。

水利工程管理单位将所有的信息收集到网络管理中心的服务器之后，通过网络数据库管理软件进行分析、处理，对其合理性进行判断，并根据计算处理以后的成果进行运行方案的制订、指令执行情况反馈等，最后网络中心所产生的信息成果通过网络向主管机关或相关部门发布，充分发挥网络技术在水利工程管理单位运用中所带来的社会效益。

（三）数据库技术

数据库是数据的集合；数据库技术研究如何存储、使用和管理数据，主要目的是有效地管理和存取大量的数据资源。新一代数据库技术的特点提出对象模型与多学科技术有机结合，如面向对象技术、分布处理技术、并行处理技术、人工智能技术、多媒体技术、模糊技术、移动通信技术和 GIS 技术等。

数据库管理系统是辅助用户管理和利用大数据集的软件，对它的需求和使用正快速增长。常见的数据库有以下几种：水利工程基础数据库；水质基础数据库；水土保持数据库；地图数据库；地形地貌数字高程模型；地物、地貌数字正射影像数据库；遥感影像和测量资料数据库。

（四）中间件技术

中间件是处于操作系统和应用程序之间的软件，是一种独立的系统软件或服务程序，也有人认为它应该属于操作系统的一部分。分布式应用软件借助这种软件在不同的技术之间共享资源。中间件位于客户机/服务器的操作系统之上，管理计算机资源和网络通信，是连接两个独立应用程序或独立系统的软件。相连接的系统，即使它们具有不同的接口，但通过中间件相互之间仍能交换信息。

中间件技术是为适应复杂的分布式大规模软件集成而产生的支撑软件开发的技术。其发展迅速且应用愈来愈广，已成为构建分布式异构信息系统不可缺少的关键技术。执行中间件的一个关键途径是信息传递，通过中间件应用程序可以工作于多平台或 OS 环境。

将中间件技术与水利工程管理系统结合起来，搭建中间件平台，合理、高效、充分地利用水利信息，充分吸收交叉学科的研究精华，是水利信息化应用领域的一个创新和跨越式的发展。针对水利行业特点，建立起一个面向水利信息化的中间件服务平台，该平台由数据集成中间件、应用开发框架平台、水利组件开发平台、水利信息门户等组成，将水雨情、水量、水质、气象社会信息等数据综合起来进行分析处理，会在水利工程管理中发挥重要作用。

中间件的作用如下：远程过程调用；面向消息的中间件。；对象请求代理；事务处理监控。

第二节　云计算与物联网相关技术

一、云计算技术

（一）概述

云计算的产生是 IT 技术进步的必然产物，是分布式计算、并行计算、效用计算、网络存储、虚拟化、负载均衡等传统计算机和网络技术发展融合后产生的"新一代的信息服务模式"。

云计算是一种"新一代的信息技术服务模式"，是整合了集群计算、网格计算、虚拟化、并行处理和分布式计算的新一代信息技术。云计算最早的概念来自 Chellappa&Gupta。

目前对云计算的概念还没有一个统一的认识。从 IBM、Google、Microsoft、Amazon 到 Wikipedia 以及各个领域的专家，都从各自不同的视角给出了超过 20 种的云计算概念。下面列举出其中的几个概念：

1. IBM

云计算是一种计算模式，在这种模式中，应用、数据和资源以服务的方式通过网络提供给用户使用。云计算也是一种基础架构管理的方法论，大量的计算资源组成资源池，用于动态创建高度虚拟化的资源提供给用户使用。

2. 加州大学伯克利分校云计算白皮书

云计算包含 Internet 上的应用服务以及在数据中心提供这些服务的软硬件设施，互联网上的应用服务一直被称为软件即服务，而数据中心的软、硬件设施就称为云。

3. Markus Klems

云计算是一个囊括了开发、负载均衡、商业模式以及架构的流行词，是软件业的未来模式，或者简单地讲，云计算就是以 Internet 中心的软件。

从狭义的观点来看，云计算是指通过网络以按需使用和可快速扩展和收缩的方式来使用远程的由云计算服务提供商所提供的基础设施，如计算设备、存储设备和网络带宽，用户不用了解这些设施实现的细节和存放位置，而只需为所使用的资源付费即可。

从广义的观点来看，可以将任何可以集成到云中的服务通过云来交付给用户，即用户通过网络以按需使用和可快速扩展和收缩的方式来使用远程的由云计算服务提供商所提供的服务，服务内容可以是 IT 基础设施，也可以是软件、应用和其他任何与之相关的服务类型，用户从云中获得的是一种广义的服务，而服务的实现对用户来说则是透明的。

（二）云计算的体系结构

计算是一个拥有超级计算资源的"云"，用户只要连接到网络中的"云"就可以获得计算资源，并根据需要动态地增加或减少使用资源的数量，用户只需要为所使用的资源付费即可。但从云计算的内部来看，云计算有自己的结构和组成。

云用户端：为用户提供请求云计算服务的交互界面，它也是用户使用云计算的入口，用户通过 Web 浏览器等简单的程序进行注册、登录，并进行定制服务、配置和管理用户等操作。用户在使用云计算服务时的感觉和使用在本地操作的桌面系统一样。

服务目录：通过访问服务目录，云用户在取得相应权限通过付费或其他机制后，就可以对服务列表进行选择、定制或退订等操作，操作的结果在云用户端界面生成相应的图表来进行表示。

管理系统和部署工具：提供用户管理和服务，对用户进行授权、认证、登录等管理，对云计算中的计算资源进行管理，接收用户端发送过来的请求，分析用户请求，并将其转发到相应的程序，然后智能地对资源和应用进行部署，并且在应用执行的过程中动态地部署、配置和回收计算资源。

监控：对云系统中资源的使用情况进行监控和计量，并据此做出快速的反应，完成对云计算中节点同步配置、负载均衡配置以及资源监控，以确保资源能及时、有效地分配给用户。

服务器集群：由大量虚拟的或物理的服务器构成，由管理系统进行管理，负责实际运行用户的应用、数据存储以及对用户的高并发量请求进行处理。

用户首先通过云用户端从服务目录列表中选择所需的服务，用户的请求通过管理系统调度相应的计算资源，并通过部署工具分发请求到服务器集群中，配置相应的应用程序来执行。

根据服务集合所提供服务的类型，整个云计算服务集合可以划分成三个层次，即应用层、平台层和基础设施层。其划分的顺序是由下而上，按照服务的层次而分的。它们分别是面向底层硬件的设施即服务、面向平台的平台即服务以及面向软件的软件即服务。

IaaS 是指将底层的物理设备网络连接等基础设置资源集成为资源池。每当用户需要资源时，会发送请求。系统在收到请求后会为其分配相应的资源，满足用户的需求，通常而言，IaaS 是利用虚拟化技术抽象化底层的基础设备资源，来达到组织现有系统中的 CPU、内存和存储空间等资源的目的。这样，就可以在这些方面做到高可定制性、易扩展性和健壮性。而在系统中真正对这些进行控制管理的是系统管理员，整个系统对用户而言是完全透明的。

PaaS 是指一个向用户提供在基础设备之上的系统软件平台。它为用户提供支持多平台的软件开发，并提供对应的库文件、服务以及与之相关的工具。用户无须管理底层实现。通常，PaaS 是建立在 IaaS 之上的，而主要用户群体是软件开发者而非普通用户。PaaS 的主要作用是让用户无须顾虑底层的物理实现，而专注于平台上的软件开发。

SaaS 是指为用户提供使用运行在 IaaS 上的应用软件的能力。用户可以通过各种终端上搭载的应用，如网页浏览器，来访问这些软件。无须控制管理硬件设备和网络设备，一切都由系统分配部署完毕，软件即连即用。

不仅可以按运行所在的层次进行分类，还可以通过服务对象来划分，可分为公有云、私有云以及混合云。

公有云提供给互联网上用户的云服务，一般而言都是收费性质的。其用户群体一般是中、小型企业或者广大用户。其云服务器一般位于远端。

私有云的目标用户群体是企业内部员工，或者某些特定用户。其云服务器一般位于本地。

混合云是由上述两种同时使用的云服务类型。一般是由于本地的私有云服务因为某些条件限制，不能完全满足用户的需求，从而借助外部的公有云为其资源池进行补充，以满足用户的使用需求。

将 SaaS、PaaS、IaaS 这三个词组的首字母组合起来的缩写是 SPI。这也就是 SPI 金字塔模型。

（三）云计算的关键技术

如何通过网络更好地共享数据资源和计算资源一直是产业界和学术界重要的研究课题。当前兴起的云计算技术使用相对集中的计算资源为各种分布式应用提供服务，可以极大地提高计算资源的利用率，使用户以简单和低成本的方式来按需使用计算资源，从而为用户提供更优质的服务。云计算是一种新的计算资源提供方式，已经成为学术界和产业界的研究热点。

网格是经过较长时间发展起来的一种重要的计算资源提供技术。网格是指利用互联网把地理上广泛分布的各种资源包括计算资源、存储资源、带宽资源、软件资源、数据资源、信息资源、知识资源等连成一个逻辑整体，就像一台超级计算机一样，为用户提供一体化的信息和应用服务计算、存储、访问等。

云计算被看成是对分布式处理、并行处理和网格计算的发展和商业实现，而且云计算和网格都强调将大量分布式的计算资源组合成一个巨大的资源池，并将计算资源作为一种效用提供给用户使用，而不管计算资源是如何和在何处实现的。

由于网格计算目前不能作为一种提供普遍计算资源的工具，而云计算技术使用相对集中的计算资源为各种分布式应用提供服务，实际上承认了资源的异构性，资源由一个云计算平台内同构的计算资源来构成，同时将计算资源服务的对象扩大为各种普适的应用，在当前的技术条件下成为一种可行的计算资源提供方式。

数据中心是现在被大规模采用的主流计算资源提供模式。数据中心可以被分为 IDC 和 DC，数据中心通过网络向网络企业和传统企业提供大规模、高质量、安全可靠的专业化服务器托管、空间租用、网络带宽服务以及各种数据处理业务。但传统数据中心里面的计算资源利用率很低，按照现有统计大概只有 15%。

而采用云计算技术后，用户只需要一台很简单的网络访问终端就可以即时获得高性能的计算能力、海量的存储和高速的带宽，而当用户对计算资源的需求减少或不再需要时，即可快速取消对资源的占用。

云计算技术具有可以大幅度降低用户使用 IT 资源的成本、提供强大的计算资源和优质低价的服务等优势。此外，云计算技术还具有以下优势：

1. 虚拟化技术

现阶段云计算平台的最大特点是利用软件来实现硬件资源的虚拟化管理、调度及应用。用户通过虚拟平台使用网络资源、计算资源、数据库资源、硬件资源、存储资源等服务，与在自己的本地计算机上使用的感受并没有什么不同，而在云计算中利用虚拟化技术可极大地降低维护成本和提高资源的利用率。

2. 灵活定制

在云计算平台中，用户可以根据自己的需要或喜好定制相应的服务、应用及资源，云计算平台可以按照用户的需求来部署相应的资源、计算能力、服务及应用。

3. 动态可扩展性

在云计算平台中，可以根据用户需求的增长将服务器实时加入现有服务器群中，提高"云"的处理能力，如果某个计算节点出现故障，则可以根据相应策略抛弃该节点，并将运行在其上的任务交给别的节点运行，而节点在故障排除后，又可以实时加入现有的服务器集群中。

4. 高可靠性和安全性

在云计算中，用户数据被存储在云中，而应用程序也在云中运行，数据的处理交由云来执行。云提供数据备份和自动故障恢复功能，如果云中的一个节点出现故障，云会自动启动另一个节点来运行程序，这保证了云中应用和计算的正常进行，用户端可以不对数据进行备份，数据可以在任意点恢复。而且为了提供可靠和安全的云计算服务，其本身具有专业的管理团队，以提供良好的数据安全服务。

5. 高性价比

云计算对用户端的硬件设备要求很低，用户端只需要具有简单访问网络的功能和数据处理能力。和云的强大计算能力以及将来高速的网络速度相比，云计算中用户端的处理能力看起来更像一个输入和输出设备。而用户端的软件也不用购买和升级，只需要从云中定制就可以，服务器端则可以用价格低廉的组成云，计算能力却可超过高性能的计算机，用户在软、硬件维护和升级上的投入大为减少。

6. 数据、软件在云端

在云计算平台中，用户的所有数据直接存储在云服务器端，在需要的时候直接从云端下载使用用户所需要的软件并统一部署在云端运行，软件维护由服务商来完成。当用户端出现故障或崩溃时，用户对软件的使用并不受影响，用户只要换个用户端就可以继续自己的工作。

7. 超强的计算和存储能力

云计算用户可以在任何时间、任意地点、采用任何可以访问网络的设备登录到云计算系统，就可以便捷地使用云计算服务。云端由成千上万台甚至更多的服务器组成服务器集群，提供海量的存储空间和高性能的计算能力。云计算具有以下关键技术：

（1）能源管理技术

在大、中型数据中心中，不仅需要在服务器等计算机设备上消耗电量，而且还要在降温等辅助设备上消耗电量。一般而言，在计算设备上所消耗的电量和在其他辅助设备上消耗的电量是差不多的。也就是说，如果一个数据中心的计算设备耗电量是1，那么整个数据中心的耗电量就是2。而对一些非常出色的数据中心，利用一些先进技术，耗电量最多也就能达到1.7，但是谷歌公司通过一些有效的设计，使部分数据中心到达了业界领先的1.2，在这些设计中，其中最有特色的是数据中心高温化，也就是让数据中心内的计算设备运行在偏高的温度下。但是在提高数据中心的温度方面会有两个常见的限制条件：一种是服务器设备的崩溃点；另一种是精确的温度控制。只要能保证这两点，系统就有能力在高温下工作。虽然计算机的处理器单元十分惧怕高温，不过与硬盘和内存比起来还是强得多，希望在将来能够使数据中心在40T以下运行，这样不仅可以节省温控的成本，并且对保护环境也非常有利。

（2）虚拟化技术

虚拟化技术是实现云计算最基础的技术，其实现了物理资源的逻辑抽象和统一。利用该技术可以提高物理硬件资源的使用效率，根据用户的需求，对资源进行灵活快速的配置和部署。

在云计算中，通过在物理主机中同时运行多个虚拟机从而实现虚拟化。在云计算平台中，平台始终保持着多台虚拟机的监视以及资源的分配部署。

为了使用户可以"透明"地使用云计算平台，通常使用虚拟化技术来实现分割硬件物理资源的实体。通过切割不同的硬件资源，将这些资源再组合成所需要的虚拟机实例，这样，就通过虚拟化技术在平台上为用户提供了不同的云计算服务。由于以上的解决方法使得一个物理硬件资源不断地被复用，因此也让虚拟化技术成为提高服务效率的最佳解决方案。

一般而言，虚拟化平台可分为三层结构：最底层是虚拟化层，提供最基本的虚拟化能力支持；中间层则为控制执行层，所有对虚拟机进行的操作指令由该层发出；顶层是管理层，对控制层进行策略管理、控制。平台包含虚拟资源管理、虚拟机监视器、动态资源管理、动态负载均衡、虚拟机迁移等功能实体。

（3）海量数据管理技术

云计算系统要高效率地进行数据处理和分析，并且同时还要为用户提供高性能的服务。因此，在数据管理技术中，如何在规模如此巨大的数据中找到需要的数值就成为核心问题。数据管理系统必须同时具有高容错性、高效率以及能够在异构环境下运行的特点。而在传统的 IT 系统中普遍采用的是索引、数据缓存和数据分区等技术。而在云计算系统中，由于数据量大大超过了传统系统所拥有的数据量，所以传统系统所使用的技术是难以胜任的。

目前，在云平台系统中被广泛使用的是由谷歌公司针对应用程序中数据读操作占比高的特点所开发的 Big Table 数据管理技术。有了 Big Table 技术，并结合基于列存储的分布式数据管理模式，就为海量数据管理提供了可靠的解决方案。

（4）分布克存储技术

云计算系统由大量服务器组成，同时为大量用户服务，为了能够保证数据的可靠性，采用冗余存储的方式存储海量数据。分布式文件系统就是一种采用冗余存储方式进行数据存放的系统。它是在文件系统上发展起来的适用于云平台的分布式文件系统。对于数据存储技术来说，高可靠性、I/O 吞吐能力和负载均衡能力是它最核心的技术指标。在存储可靠性方面，平台系统支持节点间保存多个数据副本的功能，用以提高数据的可靠性。在I/O吞吐能力方面，根据数据的重要性和访问频率，系统会将数据分级进行多副本存储，而热点数据并行读写，从而提高了 I/O 吞吐能力。在负载均衡方面，系统依据当前系统负荷将节点数据迁移到新增或者负载较低的节点上。云平台提供了一种利用简单冗余方法实现海量数据存储的解决方案。该方案不仅满足了存储可靠性的要求，还有效提升了读操作的性能。

二、物联网及相关技术

（一）物联网体系架构

物联网通过射频识别、红外感应器、全球定位系统、激光扫描器等信息传感设备，按约定的协议，把任何物品与互联网相连接，进行信息交换和通信，以实现对物品的智能化识别、定位、跟踪、监控和管理的一种网络。

物联网体系架构主要包括三层，即终端及感知延伸层、网络层和应用层。其中终端及感知延伸层作为物联网的信息获取源，主要包括通信终端或网关，以及传感器等泛在网感知设备及网络。它主要实现两方面的功能：一个是感知功能，通过传感器网络或其他短距离通信网络及技术实现对环境的感知，并上传应用数据，使网络获知物理世界的更多状况和变化，以提高应对和掌控能力，同时接收上传业务的控制指令；另一个是通信功能，提供与远程业务应用的通信能力和一些业务的处理能力。

多功能物联网移动终端能够完成物联网业务的以下基本功能：一是通过摄像头模块采集图片、一维二维码信息；二是通过 RFID 模块采集电子标签信息；三是通过 ZigBee 网关模块采集无线传感器数据；四是通过加速度传感器模块采集加速度值；五是通过北斗定位模块获取位置信息；六是通过 Wi-Fi 模块以及北斗通信模块，在多通信网络下实现与后台服务终端或其他终端的数据通信。

根据目前对物联网移动的功能需求及研究热点，以及多功能物联网移动终端在现有数据感知技术和无线通信技术的水平，通过软、硬件的密切配合能够实现精确导航指向、多通信网络自适应切换、即时分组通信。

精确导航指向：利用北斗定位系统、加速度传感器和摄像头 3 种设备的采集数据，给出了一种新导航指向方案。

多通信网络自适切换：在 5G、Wi-Fi 和北斗这三种现有并可用的通信技术的基础上，给出了多功能物联网移动终端的多通信网络自适应切换解决方案，可随时随地为用户提供经济、可靠、实时的网络通信数据服务。

即时分组通信：在移动通信网和北斗通信网的基础上，给出了即时分组通信的技术方案，实现即时群组通信、共同完成作业的功能。

物联网从宏观上来看，包含三个层次：感知层，用来感知世界；网络层，用来传输数据；应用层，用来处理数据。

1. 感如层

感知层的作用是感知和采集信息。从仿生学角度来看，感知层为"感觉器官"，可以感知自然界的各种信息。感知层包含传感器、RFID 标签与读写器、激光扫描器、摄像头、M2M 终端、红外感应器等各种设备和技术。传感器及相关设备装置位于物联网的底层，是整个产业链中最基础的环节，解决人类世界与物理世界数据获取问题，首先通过传感器、RFID 等设备采集外部物理世界的数据，然后通过蓝牙、红外、工业总线、条码等短距离传输技术进行传输。

21 世纪初，我国提出"感知中国"后，国家对传感器的研发投入加大。江苏省无锡市建成了我国首个传感中心，通过国家高层次海外人才引进，纳米传感器在医学上已经应用到临床。传感器是一门多学科交叉的工程技术，涉及信息处理、开发、制造、评价等许多方面，制造微型、低价、高精度、稳定可靠的传感器是科研人员与生产单位的目标。RFID 应用广泛，如身份证、电子收费、物流管理、公交卡、高校一卡通等，且 RFID 标签可以印刷，成本低廉，得到广泛的应用与普及。

2. 网络层

网络层的任务是将感知层的数据进行传输，将感知层获取的数据通过移动通信网、卫星通信网、各类专网、企业内部网、小型局域网、各种无线网络进行传输。尤其是互联网、有线电视网、电信网进行三网融合后，有线电视网也能提供低价的宽带数据传输服务，促进了物联网的发展。

3. 应用层

应用层的任务是对网络层传输来的数据进行处理，并与人通过终端设备进行交互，包括数据存储、挖掘、处理、计算以及信息的显示。物联网的应用层涵盖医疗、环保、物流、银行、交通、农业、工业等领域。物联网虽然是物物相连的网络，但最终要以人为本，需要人的操作与控制。应用层的实现涉及软件的各种处理技术、智能控制技术和云计算技术等。

（二）物联网的关键技术

物联网应用涉及的领域很广，从简单的个人生活应用到工业现代化，再到城市建设、军事、金融等领域。物联网的应用涉及由传感器技术推动的各个产业领域，包括智能家居、智能农业、智能环保、智能医疗、智能物流、智能安防、智能旅游、智能交通等。物联网的发展最终将现有各种产业应用聚集成为一个新型的跨领域的应用领域。

1. 智能家居

智能家居利用物联网平台，以家居生活环境为场景，将网络家电、安全防卫、照明节能等子系统融合在一起，为人们提供智能、宜居、安全、舒适的家居环境。与传统家居相比较，智能家居为人们提供宜居、舒适的生活场景，安全、高效利用能源，生活、工作方式得到优化，家居环境变成智慧、能动的生活工作工具，从而达到环保、低碳、节能的效果。

我国的智能家居经过市场发展培养，智能家居发展迅速，从 21 世纪初，随着 4G 技术、云计算技术的应用推广，手机、平板等智能终端设备的普及，价格下降迅速，以及各物联网相关技术的发展，智能家居进入快速发展通道。

2. 智能农业

传统农业主要依靠自然资源和劳动力，成本低廉、效率低下、劳动强度大、难度高，已不能满足现代农业的高产、高效、优质、安全的需要。随着物联网技术被引入农业中，农业信息化程度得到明显的提高。智能农业通过实时采集温湿度、二氧化碳浓度、光照强度、土壤温湿度、pH 值等参数，自动开启或者关闭控制设备，使农作物处于最优生长环境中。同时通过追踪农产品的生长监控信息，探索最适宜农产品生长的环境，为农业的自动控制与智能管理提供科学依据。传统农业中的灌溉、打药、施肥等，农民都是靠感觉、凭经验，在智能农业中，这些都可通过相关设备自动控制，实施精确管理。

3. 智能环保

随着社会的进步发展，环境污染变得更加严重，且出现了一些新情况，同时伴随着人们生活水平的提高，环保意识在不断增强。我国的环境保护方面的信息化程度较低，实现环保工作的自动化、智能化是未来工作的重点。

4. 智能医疗

人们可利用物联网技术实时感知各种医疗信息，实现全面互联互通的智能化医疗。通过智能医疗系统，对病人和药品进行智能化管理，比如病人佩戴 RFID 设备，实时跟踪病人的活动范围；病人佩戴各种传感器，对重症病人进行全方位实时监控，特殊情况及时报警，节省了人力开支，提高了信息的准确性和及时性。智能医疗还能通过家庭医疗传感设备，实时监控家中老人或者病人的各项健康指标，并将各项指标数据传输给健康专家，并给出保健或护理建议，但是也存在标准不统一、成本高、隐私保护难度大以及国内医疗相关企业竞争力弱等问题。

5. 智能物流

物联网在物流行业已得到广泛应用，智能物流运用传感器技术、RFID、CPS 等技术，对物品的运输、配送、仓储等环境进行跟踪管理，达到配送物品的高效、智能，减少了人力资源的浪费。智能物流实现了物流配载、电子商务、运输调度等多种功能的一体化，成为运用物联网技术较成熟的行业。

6. 智能安防

我国的安防体系存在安防设备智能化不足、功能单一、可靠性差以及服务范围窄等问题。物联网技术的快速发展，给安防行业带来了技术创新，通过把物联网的快速感应、高效传输等特点应用到安防领域，实现安防系统的智能化，提高安防系统的自适应能力、自学习能力，最终实现能针对不同的应急情况自动采取各种针对性的措施来保证安全。例如，上海世博会的各种安防系统，车辆安全监控系统实现对世博会园区十余万辆汽车的安检；智能火灾监控系统，在发现烟雾时能及时采取有效措施并报警。

物联网是以应用为核心的网络，应用创新是物联网发展的核心，强调用户体验为核心的创新是物联网发展的灵魂。其应用的关键技术如下：

（1）传感器技术

物联网能做到物物相连，进行感知识别离不开传感器技术。目前通常采用无线传感器技术，大量传感器节点部署在感知区域内，构成无线传感器网络。无线传感器网络作为感知域中的重要组成部分，有很多关键技术需要研究，如路由技术、拓扑管理技术等。

（2）RFID 标签

RFID 本质上来说也是一种传感器技术，融合了无线射频技术和嵌入式技术，在物流管理、自动识别、电子车票等领域有广阔的应用前景。

（3）嵌入式技术

综合了集成电路技术、电子应用技术、传感器技术以及计算机软硬件技术，经过多年的发展，基于嵌入式技术的智能终端产品随处可见，从普通遥控器到航天卫星，从电子手表到飞机上的各种控制系统。嵌入式系统已经完全融入人们的生活中，也改变着人们的生活，推动工业生产以及国防技术的发展。

（4）应用软件技术

通过各种各样的应用软件技术提供不同的服务，满足不同的需求。应充分利用丰富的应用软件提供的各种功能，将物联网 Wed 化，物联网应用融合到 Wed 中，借助 Internet 物联网，为用户提供各式各样的服务。

虽然当前国内外在物联网领域已经取得了大量理论研究成果和部分应用示范，但问题仍较为突出。例如：封闭的内部尝试，缺乏开放性、示范性与可复制性；不能互联互通，存在严重的地区和行业壁垒，大量示范工程重复建设；产品、解决方案互不兼容，缺乏统一的概念，导致大量碎片化的框架和应用等。针对这些问题，在分析物联网系统各部分功能与特点的基础上，从基于 Wed 的物联网业务环境的基本原则出发，将物联网系统架构分为感知域和业务域，提出了基于 Wed 的物联网体系结构，将物联网 Wed 化。

构建基于 Wed 的物联网系统服务平台，汇聚产业链上的设备和平台，引进国内外先进的技术和理念，形成物联网应用设备商店，为用户提供全方位的体验与服务，最终形成物联网应用服务云，构建物联网生态系统。

第三节　大数据挖掘与分析技术

一、概述

随着信息技术尤其是网络技术的快速发展，人们收集、存储和传输数据的能力不断提高，导致数据出现了爆炸性增长。与此形成鲜明对比的是，对人们决策有价值的知识却非常匮乏。如何从海量数据中获取有价值的知识以指导人们的决策，是当前数据分析领域所面临的主要热点和难点问题。

近十几年来，随着信息技术和数据库技术的快速发展，各行各业均存储了海量数据，而且仍然会以惊人的速度不断产生数据。数据的积累速度已经远远超过人们处理数据的能力，出现"数据丰富但信息和知识贫乏"的现象。在现今信息爆炸的时代，针对"数据丰富但信息和知识贫乏"的现象，如何有效地处理和利用大规模数据成为当前所面临的挑战。如何才能不被数据的汪洋大海所淹没，使数据真正成为有效的资源，从中及时发现有用的知识，充分利用它为自身的业务决策和战略发展服务才行，于是数据挖掘和知识发现技术应运而生，并得以蓬勃发展，越来越显示出其强大的生命力。

当前数据挖掘领域研究的前沿问题包括以下几个：

（一）模式挖掘、模式应用及模式理解

在模式挖掘方面，除了关注如何挖掘序列模式及图模式之外，还需要研究巨大模式挖掘、大的网络或图的近似结构挖掘及压缩模式挖掘。在模式应用方面，需要研究如何利用频繁模式更有效地进行分类和图标注及相似图结构的搜索等。在模式理解方面，主要研究从冗余模式中进行提取和频繁模式的语义注释。

（二）信息网络分析

其主要包括连接分析、社会关系网分析、生物信息网分析和异构网分析等。

（三）数据流挖掘

数据流挖掘要处理不同模式的数据，在分类、聚类、序列模式、趋势分析、噪声数据、概念漂移等各方面都有很多问题值得研究。

（四）挖掘移动对象数据、RFID 数据及传感器网络的数据

其主要包括挖掘移动对象数据发现孤立点、RFID 数据的数据仓库建立与挖掘、传感器网络数据的分类与聚类等。

（五）时间空间数据及多媒体数据的挖掘

其主要包括空间数据的数据仓库建立和空间数据的在线分析、空间和多媒体数据的频繁模糊及相关性分析、空间数据分类以及聚类及孤立点分析。

（六）生物信息数据的挖掘

其主要包括挖掘 DNA、RNA 及蛋白质数据；挖掘基因表达数据；挖掘大的质谱分析数据；挖掘生物医学文献；挖掘生物信息网等。

（七）文本及 Web 数据的挖掘

其主要包括文本表示、特征选择与属性约减、文本聚类、文本分类等文本挖掘内容，还包括 Web 建模、Web 分类与聚类、结构化数据分析、多维 Web 数据分析、语义 Web、Web 应用挖掘及个性化网站等。

（八）用于软件系统工程及计算机系统分析的数据挖掘

复杂系统如软件系统的建立、维护和改进是非常复杂的，数据挖掘技术可以用于发现程序的孤立点，实现系统诊断、维护和改进的自动化。

二、数据挖掘理论基础

谈到知识发现和数据挖掘，必须进一步阐述其研究的理论基础。虽然是关于数据挖掘的理论基础问题，仍然没有到完全成熟的地步，但是分析它的发展，可以对数据挖掘的概

念更清楚。系统的理论是研究、开发、评价数据挖掘方法的基石。经过十几年的探索，一些重要的理论框架已经形成，并且吸引着众多的研究和开发者为此进一步工作，向着更深入的方向发展。

数据挖掘方法可以是基于数学理论的，也可以是非数学的；可以是演绎的，也可以是归纳的。

（一）模式发现架构

在这种理论框架下，数据挖掘技术被认为是从源数据集中发现知识模式的过程。这是对机器学习方法的继承和发展，是目前比较流行的数据挖掘研究与系统开发架构。按照这种架构，可以针对不同的知识模式的发现过程进行研究。目前，在关联规则、分类聚类模型、序列模式以及决策树归纳等模式发现的技术与方法上取得了丰硕的成果。近几年，也已经开始对多模式知识发现进行研究。

（二）规则发现架构

综合机器学习与数据库技术，将三类数据挖掘目标（分类、关联及序列）作为一个统一的规则发现问题来处理，它们给出了统一的挖掘模型和规则发现过程中的几个基本运算，解决了数据挖掘问题如何映射到模型和通过基本运算发现规则的问题。这种基于规则发现的数据挖掘构架，也是目前数据挖掘研究的常用方法。

（三）基于概率和统计理论

在这种理论框架下，数据挖掘技术被看作是从大量源数据集中发现随机变量的概率分布情况的过程，如贝叶斯置信网络模型等。目前，这种方法在数据挖掘的分类和聚类研究及应用中取得了很好的成果，这些技术和方法可以看作是概率理论在机器学习中应用的发展和提高。统计学作为一个古老的学科，已经在数据挖掘中得到广泛的应用。例如，传统的统计回归法在数据挖掘中的应用，特别是最近 10 年，统计学已经成为支撑数据仓库、数据挖掘技术的重要理论基础。

（四）基于数据压缩理论

在这种理论框架下，数据挖掘技术被看作是对数据的压缩过程。按照这种观点，关联规则、决策树、聚类等算法实际上都是对大型数据集的不断概念化或抽象的压缩过程。最小描述长度原理可以评价一个压缩方法的优劣，即最好的压缩方法应该是概念本身的描述和把它作为预测器的编码长度都最小。

（五）基于归纳数据库理论

在这种理论框架下，数据挖掘技术被看作是对数据库的归纳问题。一个数据挖掘系统必须具有原始数据库和模式库，数据挖掘的过程就是归纳的数据查询过程，这种构架也是目前研究者和系统研制者倾向的理论框架。

（六）可视化数据挖掘

虽然可视化数据挖掘必须结合其他技术和方法才有意义，但是以可视化数据处理为中心来实现数据挖掘的交互式过程以及更好地展示挖掘结果等，已经成为数据挖掘中的一个重要方面。

当然，上面所述的理论框架不是孤立的，更不是互斥的，对于特定的研究和开发领域来说，它们是相互交叉并有所侧重的。

三、数据挖掘分类方法

数据挖掘涉及的学科领域和方法很多，故有多种分类方法。

根据挖掘任务不同可以分为分类或预测模型发现、数据总结与聚类发现、关联规则发现、序列模式发现、相似模式发现、混沌模式发现、依赖关系或依赖模型发现以及异常和趋势发现等。

根据挖掘对象可以分为关系数据库、面向对象数据库、空间数据库、时态数据库、文本数据源、多媒体数据库、异质数据库以及遗产数据库等对象的挖掘。

根据挖掘方法不同可以分为机器学习方法、统计方法、聚类分析方法、探索性分析方法、神经网络方法、遗传算法数据库方法、近似推理和不确定性推理方法、基于证据理论和元模式的方法、现代数学分析方法、粗糙集方法及集成方法等。

根据数据挖掘所能发现的知识不同可以分为广义型知识挖掘、差异型知识挖掘、关联型知识挖掘、预测型知识挖掘、偏离型异常知识挖掘和不确定性知识等。

当然，这些分类方法都从不同角度刻画了数据挖掘研究的策略和范畴，它们是互相交叉又相互补充的。

四、数据挖掘分析方法

（一）广义知识挖掘

广义知识是指描述类别特征的概括性知识。众所周知，在源数据（如数据库）中存放的一般是细节性数据，而人们有时希望能从较高层次的视图上处理或观察这些数据，通过数据进行不同层次的泛化来寻找数据所蕴含的概念或逻辑，以适应数据分析的要求。数据挖掘的目的之一就是根据这些数据的微观特性发现有普遍性的、更高层次概念的中观和宏观的知识。因此，这类数据挖掘系统是对数据所蕴含的概念特征信息、汇总信息和比较信息等概括、精炼和抽象的过程。被挖掘出的广义知识，可以结合可视化技术，以直观的图表（如饼图、柱状图、曲线图、立方体等）形式展示给用户，也可以作为其他应用（如分类、预测）的基础知识。

（二）关联知识挖掘

关联知识反映一个事件和其他事件之间的依赖或关联。数据库中的数据关联是现实世界中事物联系的表现。数据库作为一种结构化的数据组织形式，利用其依附的数据模型可能刻画了数据间的关联，如关系数据库的主键和外键。但是，数据之间的关联是复杂的，不仅是上面所说的依附在数据模型中的关联，大部分是隐藏的。关联知识挖掘的目的就是找出数据库中隐藏的关联信息。关联可分为简单关联、时序（Time Series）关联、因果关联、数量关联等，这些关联并不总是事先知道的，而是通过数据库中数据的关联分析获得的，因而对商业决策具有新价值。

（三）预测型知识挖掘

预测型知识是指由历史的和当前的数据产生的并能推测未来数据趋势的知识。这类知识可以被认为是以时间为关键属性的关联知识，应用到以时间为关键属性的源数据挖掘中。从预测的主要功能上看，主要是对未来数据的概念分类和趋势输出。可以用于产生具有对未来数据进行归类的预测型知识，统计学中的回归方法等可以通过历史数据直接产生对未来数据预测的连续值，因而，这些预测型知识已经蕴藏在诸如趋势曲线等输出形式中。利用历史数据生成具有预测功能的知识挖掘工作归为分类问题，而把利用历史数据产生并输出连续趋势曲线等问题作为预测型知识挖掘的主要工作。分类型的知识也应该有两种基本用途：一是通过样本子集挖掘出的知识可能目的只是用于对现有源数据库的所有数据进行归类，以使现有的庞大源数据在概念或类别上被"物以类聚"；二是有些源数据尽管它们是已经发生的历史事件的记录，但是存在对未来有指导意义的规律性东西，如总是"老年人的癌症发病率高"。因此，这类分类知识也是预测型知识。

1. 趋势预测模式

主要是针对那些具有时序属性的数据，如股票价格等，或者是序列项目的数据，如年龄和薪水对照等、发现长期的趋势变化等。有许多来自统计学的方法，经过改造可以用于数据挖掘中，如基于 n 阶移动平均值、n 阶加权移动平均值、最小二乘法、徒手法等的回归预测技术。另一些研究较早的数据挖掘分支，如分类、关联规则等技术，也被应用到趋势预测中。

2. 周期分析模式

其主要是针对那些数据分布和时间依赖性很强的数据进行周期模式的挖掘，如服装在某季节或所有季节的销售周期。近年来，这方面的研究备受瞩目，除了传统的快速傅里叶变换等统计方法及其改造算法外，也从数据挖掘研究角度进行了有针对性的研究。

3. 神经网络

在预测型知识挖掘中，神经网络也是很有用的模式结构，但是由于大量的时间序列是非平稳的，其特征参数和数据分布随着时间的推移而发生变化。因此，仅仅通过对某段历史数据的训练来建立单一的神经网络预测模型，还无法完成准确的预测任务。为此，人们提出了基于统计学等的再训练方法。当发现现存预测模型不再适用于当前数据时，对模型重新训练，获得新的权重参数，建立新的模型。

此外，也有许多系统借助并行算法的计算优势等进行时间序列预测。总之，数据挖掘的目标之一，就是自动在大型数据库中寻找预测型信息，并形成对应的知识模式或趋势输出来指导未来的行为。

五、特异型知识挖掘

特异型知识是源数据中所蕴含的极端特例，或明显区别于其他数据的知识描述，它揭示了事物偏离常规的异常规律。数据库中的数据常有一些异常记录，从数据库中检测出这些数据所蕴含的特异知识是很有意义的，如在站点发现那些区别于正常登录行为的用户特点，可以防止非法入侵。特异型知识可以和其他数据挖掘技术结合起来，在挖掘普通知识的同时进一步获得特异型知识，如分类中的反常实例、不满足普通规则的特例、观测结果与模型预测值的偏差、数据聚类外的离群值等。

六、数据仓库中的数据挖掘

数据仓库中的数据是按照主题来组织的。存储的数据可以从历史的观点提供信息。面对多数据源，经过清洗和转换后的数据仓库可以为数据挖掘提供理想的发现知识的环境。假如一个数据仓库模型具有多维数据模型或多维数据立方体模型支撑的话，那么基于多维数据立方体的操作算子可以达到高效率的计算和快速存取。虽然目前的一些数据仓库辅助工具可以帮助完成数据分析，但是发现蕴藏在数据内部的知识模式及其按知识工程方法来完成高层次的工作仍需要新技术。因此，研究数据仓库中的数据挖掘技术是必要的。

数据挖掘不仅伴随数据仓库而产生，而且随着应用的深入，产生了许多新的课题。如果把数据挖掘作为高级数据分析手段来看，那么它是伴随数据仓库技术提出并发展起来的。随着数据仓库技术的出现，出现了联机分析处理应用。OLAP 尽管在许多方面和数据挖掘是有区别的，但是它们在应用目标上有很大的重合度，那就是它们都不满足于传统数据库的仅用于联机查询的简单应用，而是追求基于大型数据集的高级分析应用。客观地讲，数据挖掘更看中数据分析后所形成的知识表示模式，而 OLAP 更注重利用多维等高级数据模型实现数据的聚合。

七、Web 数据源中的数据挖掘

面向 Web 的数据挖掘，比面向数据库和数据仓库的数据挖掘要复杂得多，因为它的数据是复杂的，有些是无结构的，通常都是用长的句子或短语来表达文档类信息，有些可能是半结构的，当然有些具有很好的结构（如电子表格）。揭开这些复合对象蕴含的一般性描述特征，成为数据挖掘的不可推卸的责任。

Web 挖掘的研究主要有三种流派，即 Web 结构挖掘、Web 使用挖掘和 Web 内容挖掘。

1. Web 结构挖掘

Web 结构挖掘主要是指挖掘 Web 上的链接结构，它有广泛的应用价值。

2. Web 使用挖掘

Web 使用挖掘主要是指对 Web 上的日志记录的挖掘。Web 上的 Log 日志记录包括 URL 请求、IP 地址以及时间等的访问信息。分析和发现 Log 日志中蕴藏的规律可以帮助我们识别潜在客户、跟踪服务质量以及侦探非法访问隐患等。

3. Web 内容挖掘

实际上 Web 的链接结构也是 Web 的重要内容。除了链接信息外，Web 的内容主要是包含文本、声音、图片等的文档信息。很显然，这些信息是深入理解站点的页面关联的关键所在。同时，这类挖掘也具有更大的挑战性。Web 的内容是丰富的，而且构成成分是复杂的（无结构的、半结构的等），对内容的分析又离不开具体的词句等细节的、语义上的刻画。基于关键词的内容分析技术是研究较早的、最直观的方法，已经在文本挖掘和 Web 搜索引擎等相关领域得到广泛的研究和应用。

第四节　信息化技术发展与工程应用

一、信息化技术发展趋势

（一）数字基础设施加速发展有效支撑各领域信息化发展新需求

新型数字基础设施建设将驱动国家信息化发展进入新阶段，有力支撑数字中国、智慧社会和网络强国建设和数字经济发展，为技术创新、产业创新、应用创新和创新创业提供重要基础支撑。一是 5G 移动通信网络将加速部署，特别是 5G 独立组网模式部署，将大大提升万物泛在互联和行业专业接入服务能力，开启移动通信行业差异化场景服务新时代，有力支撑行业信息化特殊差异需求。二是由云、网、端组成新型数字基础设施，将全面渗透到经济社会各行各业，形成车联网、工业互联网、医联网等各具特色的产业互联网基础设施，成为推动行业智能化转型的关键支撑。三是物联网、大数据、人工智能、区块链等一批公共应用基础设施建设将全面推进，集聚算力、算法和算数等各类技术开放平台，有力支撑产业共性应用和创新创业。四是北斗系统实现全球服务，太空互联网将进入探索试验期，有效支撑空天海等各种特殊场景下信息化建设需求。

（二）信息技术产业将有望实现多点突破和价值全线提升

我国网络科技企业将会大力投资和布局关键信息技术的研发攻关，推动我国信息技术产业从跟跑向并跑转变，局部领域有望实现全球领跑。一是关键核心技术短板将会得到有效弥补，高端芯片、核心电子元器件、重要基础软件等领域国内企业将有可能乘势崛起，大型网络科技企业都会积极投入巨额资金推进基础关键核心技术研发，以防技术"卡脖子"引发生存危机，ICT 产业全链条多点受制于人的问题将得到有效缓解。二是 ICT 产业链上下游协同、产业生态打造、商业化应用等诸多方面有望取得一定突破，特别是在云服务、手机芯片、物联网操作系统、网络数据库、5G 智能终端、语音图像识别技术等领域有望实现全球领跑。三是国内企业信息技术产品高端综合集成能力和品牌知名度将会全面提升，国内 CT 企业将会从产业链价值中低端向中高端迈进，部分高端信息产品中国制造有望享誉全球。

（三）经济社会数字化转型将全面推动各领域高质量发展

经济社会将进入全面数字化转型发展的新阶段，网络的普遍安装和互联、软硬综合集成能力全面提升、信息服务种类的创新丰富，都将推动经济社会各领域信息化高质量发展。一是数字经济和实体经济深度融合发展，将驱动经济按照新发展理念高质量发展，各领域产业数据驾驭能力全面增强，电子商务、在线服务、共享经济、智能制造、移动应用等各种业态将会全面融入产业发展的各个环节，推动产业组织模式、服务模式和商业模式全面创新发展，有效助推供给侧结构性改革。二是数字中国和智慧社会的加速推进，智能城市、城市大脑、数字孪生城市、智慧小镇、"互联网+政务服务"、移动服务等发展，将综合驱动社会信息化进入全面互联、综合集成、智慧应用的发展新阶段，全面推动社会服务提档升级。

（四）数据驾驭能力将重塑经济社会发展模式和竞争格局

信息流引领物资流、技术流、资金流、人才流已经成为数字经济时代最本质的特征，未来经济社会各领域发展竞争对数据依赖性将会越来越强，数据流通速度、使用成本、汇聚能力和驾驭能力将成为决定各行各业发展力和竞争力的决定性要素。一是构建有效利益激励机制和技术支撑机制，打通数据流动肠梗阻，促进数据无缝实时流动，将成为绝大多数部门和企业推进信息化建设的首要举措。二是发展产业互联网，构建行业交易信息中介服务或技术创新服务平台，建设行业数据信息枢纽和技术知识创新枢纽，将成为企业把握产业竞争主导权的重要抓手。三是加强物联网、大数据、人工智能等技术应用，深化数据挖掘和分析，提升场景应用和服务能力，将成为各行各业提升竞争力的利器。

二、工程应用

（一）GIS 在水利系统中的应用

地理信息系统是以地理空间数据库为基础，在计算机硬、软件环境的支持下，运用系统工程和信息科学的理论，科学管理和综合分析具有空间内涵的地理数据，以提供对规划、管理、决策和研究所需信息的空间信息系统，对空间相关数据进行采集、管理、操作、分析、模拟和显示，并采用地理模型分析方法，适时提供多种空间和动态的地理信息，为地理研究、综合评价、管理、定量分析和决策服务而建立起来的一类计算机应用系统。

1. GIS 在水利工程管理工作中的应用

水利工程建设与管理是一项信息量极大的工作，涉及水利工程前期工作审查审批状况、投资计划情况、建设进度动态管理、工程质量、位置地图检索、项目简介、照片、图纸等一系列材料的存储、管理和分析，利用 GIS 技术可以把工程项目的建设与管理系统化，把水利工程建设情况进行实时记录，使工程动态变化能够及时反映给各级水行政主管部门，还可以对河道变化进行动态监测，预测河道发展趋势，可为水利规划、航道开发以及防灾减灾等提供依据，创造显著的经济效益。

利用 GIS 技术、三维可视化技术构建三维工程模型中，建筑物之间的空间位置关系与实地完全对应，而且任意点的空间三维坐标可以测量，是真实三维景观的再现，这项技术的应用将使工程的设计和模型建立等方面更加科学、准确。

2. GIS 水利工程管理应用效益

应用地理信息系统之后，完成各项任务与传统的方法相比，显示出许多优越性。具体说来，水利的优越性可以概括如下：

①可以存储多种性质的数据，包括图形的、影像的、调查统计等，同时易于读取、确保安全。

②允许使用数学、逻辑方法，借助计算机指令编写各种程序，易于实现各种分析处理，系统具有判断能力和辅助决策能力。

③提供了多种造型能力，如覆盖分析、网络分析、地形分析，可以用来进行土地评价、土壤侵蚀估计、土地合理利用规划等模式研究，以及用来编制各种专题图、综合图等。

④数据库可以做到及时更新，确保实时性。用户在使用时具有安全感，保证不读漏数据，处理结果令人信服。

⑤易于改变比例尺和地图投影，易于进行坐标变换、平移或旋转、地图接边、制表和绘图等工作。

⑥在短时间内，可以反复检验结果，开展多种方案的比较，从而可以减少错误，确保质量，减少数据处理和图形化成本。

（二）GPS 系统在水利工程系统中的应用

全球定位系统是一种结合卫星及通信发展起来的技术，利用导航卫星进行测时和测距，具有海陆空全方位实时三维导航与定位能力的新一代卫星导航与定位系统。由于定位的高精度性，并具有全天候、连续性、速度快、费用低、方法灵活和操作简便等特点，其在水利工程领域获得了极其广泛的应用。经过多年我国测绘等部门的使用表明，全球卫星定位系统以全天候、高精度、自动化、高效益等特点，成功地应用于大地测量、工程测量、航空摄影、运载工具导航和管制、地壳运动测量、工程变形测量、资源勘察、地球动力学等多种学科，取得了好的经济效益和社会效益。

1. 地形测绘

传统的地形测绘，基于测绘仪等基本测绘工具和测绘人员艰辛而繁重的工作，其实际效果常因测量工具误差、天气情况变化等诸多影响因素而不甚令人满意。特别是在水利工程中，相关的地形勘测是进一步设计论证的重要前提，但常常因地势地形因素，给实际工作带来相当大的麻烦。目前，一个较为先进的方法是采用航空测绘，即通过航空器材从空中摄影绘图，进而完成地形测绘，但此方法的显著缺点是大大增加了测绘成本，因此在实际工程中远未得到推广，GPS 全球卫星定位系统打开了解决该问题的新思路。

测绘的关键问题是找到特定区域的重要三维坐标纬度、经度和海拔。而这三个数据均可直接从一部 GPS 信号接收机上直接读出。CPS 测绘方法还具有成本低廉、操作方便、实用性强等优点，并且与计算机 CAD 测绘软件、数据库等技术相结合，可实现更高程度的自动测绘。

2. 截流施工

截流的工期一般都比较紧张，其中最难的是水下地形测量。水下地形复杂，作业条件差，水下地形资料的准确性对水利工程建设十分重要。传统测量使用人工采集数据，精度不高、测区范围有限、工作域大、时间上不能满足要求，而 GPS 技术能大大提高数据精度、测区范围等，保证施工生产的效率，保证顺利进行。利用静态测量系统进行施工控制测量，选点主要考虑控制点能方便施工放样，其次是精度问题，尽量构成等边三角形，不必考虑点和点之间的通视问题。另外，用实时差分法 GPS 测量系统可实施水下地形测量，系统自动采集水深和定位数据，采集完成后，利用后处理软件，可数字化成图。在三峡工程二期围堰大江截流施工中，运用 GPS 技术实施围堰控制测量及水下地形测量，并取得了成功。

3. 工程质量监测

水利设施的工程质量监测是水利建设及使用时必须贯彻实施的关键措施。传统的监管方法包括目测、测绘仪定位、激光聚焦扫描等，而基于 GPS 技术的质量监测是一种完全意义上的高科技监测方法。专门用于该功能的信号接收机，实际上是一个微小的 GPS 信号接收芯片，将其置于相关工程设施待检测处，如水坝的表面、防洪堤坝的表面、山体岩壁的接缝处等，一旦出现微小的裂缝、开口，乃至过度的压力，相关的物理变化会促使高精度信号接收芯片的记录信息发生变化，进而将问题反映出来。若将该套 GPS 监测系统与相关工程监测体系软件、报警系统结合起来，即可实现更加严密而完善的工程质量监测。

（三）遥感技术在水利系统中的应用

遥感技术是一门综合性的技术，它是利用一定的技术设备系统，在远离被测目标处，测量和记录这些目标的空间状态和物理特性。从广义上来讲，可以把一切非接触的检测和识别技术都归入遥感技术。如航空摄影及相片判读就是早期的遥感手段之一。现代空间技术光学和电子学的飞速发展，促进了遥感技术的迅速发展，扩大了人们的视野，提高了应用水平。

1. 遥感技术在水利规划方面的运用

水利规划的基础是调查研究，遥感技术作为一种新的调查手段与传统的手段综合运用，能为现状调查及其变化预测提供有价值的资料。现行水利规划的现状调查主要依靠地形图资料及野外调查，如果地形图资料陈旧，则要耗费大量人力、物力和时间重新测绘。卫星遥感资料具有周期短、现实性强的特点，北方受气候条件影响较小，很容易获得近期的卫星图像，即使在南方一般每年也可以得到几个较好的图像。根据卫星相片可以分析判断已有地形图的可利用程度，如果仅仅是增加了若干公路和建筑物，就可以只做相应的修测、补测或直接利用卫星相片作为地形图的替代品或补充。

水资源及水环境保护是水利规划的一项重要内容，可利用卫星遥感资料对水资源现状及其变化做出评价。首先，利用可见光和红外线波段的资料探测某些严重污染河段及其污染源，可见光探查煤矿开采和造纸厂排废造成的污染，红外波段探查热废水排放造成的污染。其次，结合水质监测数据进行水环境容量评价，确定允许河道的水容量，再根据污染物的组成及含量测定值确定不同季节的允许排放量。利用卫星遥感资料及其处理技术，可以确定不同时期的水陆边界及水域面积，因而可以把地形测量工作简化为断面测量，从而节省工作量与经费。此项技术已在珠江三角洲河网地区及河口获得成功应用。

2. RS技术在水库工程方面的运用

水库工程是水利建设的一项重要内容，防洪、发电、灌溉、供水都离不开水库工程建设。水库工程论证一般包括问题识别、方案拟订、影响评价、方案论证等几部分。论证的重点一般包括水库任务、工程安全、泥沙问题、库区淹没、生态环境评价、工程效益分析评价等。卫星遥感技术在水库淹没调查和移民安置规划方面，尤其具有应用价值和开发潜力。规划阶段的水库淹没损失研究一般利用小比例尺地形图做本底，比较粗略，且由于地形图的更新周期长，一般要进行相当规模的现场调查进行补充修改。如果利用计算机分类统计等技术，可以显著提高工作效率和成果的宏观可靠性。在规划以后阶段的工作中，利用红外线或正影射航空相片制作正影射影像图进行水库淹没损失调查，避免了人为因素的干扰，使成果具有最高的权威性，已得到越来越广泛的使用。

3. RS技术在河口治理方面的运用

河口治理的目标一般是稳定河床和岸滩，顺利排洪、排涝、排沙，保护生态，改善水环境等。多河口的河流要求能合理分水分沙，通航河流还要求能稳定和改善航道，有效治理拦门沙，这就需要大量的、全面的与区域性的（包括水域和陆地，水上和水下）地形、地质、地貌、水文、泥沙、水质、环境及社会经济调查工作，而卫星遥感技术可为自然和社会经济调查提供大量信息。

河口卫星遥感的基本手段是以悬浮泥作为直接或间接标志。通常选择合适的波段进行图像复合，经过计算机和光学图像处理和增强，突出浮泥沙信息，抑制背景信息和其他次要信息，以获得某一水情下的泥沙和水的动力信息。经过处理的图像上悬浮泥沙显得非常清晰、直观、真实，通过研究河流的悬浮泥沙与滩涂现状、演变、发展，为治理河口提供比较真实的资料。

（四）水利信息数据仓库在水利信息化管理中的应用

水利信息数据仓库在水利信息化管理中的应用，主要体现在以下几方面：

1. 水利工程基础数据仓库

①河道概况。河道特征、河道断面及冲淤情况、桥梁等。

②水沙概况。水沙特征值、较大洪水特征值、水位统计及洪水位比较、控制站设计水位流量关系等。

③堤防工程。堤防长度、堤防标准、堤防作用、堤防横断面、加固情况、涵闸虹吸穿堤建筑物、险点隐患、护堤坝工程等。

④河道整治工程。干流险工控导工程状况、支流险工控导工程状况、工程靠溜情况、险情抢护等。

⑤分滞洪工程。特性指标、水位面积容积、堤防、分洪退水技术指标、滞洪区经济状况、淹没损失估算、运用情况等。

⑥水库工程。枢纽工程、水库特征、主要技术指标、泄流能力、水位库容及淹没情况等。

2. 水质基础数据仓库

完成数据库表结构的设计，在整编基础上，逐步形成包括基本监测、自动监测和移动监测等水质数据内容的水环境基础数据仓库，开发数据库接口程序和账务软件，为水资源优化配置、水资源监督管理、水资源规划和科学研究提供水环境基础信息服务。

3. 水土保持数据仓库

规范数据格式，完成数据库表结构设计，逐步建立包括自然地理、社会经济、土壤侵蚀、水土保持监测、水土流失防治等信息的水土保持数据仓库。

4. 地图数据仓库

采用地理信息系统基础软件平台，对数字地形图进行数据入库，建立地图数据仓库。要求地图数据仓库具有各种比例尺地形图之间图形无缝拼接、图幅漫游、分层、分要素显示、输出等 GIS 基本功能。

5. 地形地貌数字高程模型

利用地形图地貌要素或采用全数字摄影测量的方法，生成区域数字高程模型，直观表示地形地貌特征，并利用 DEM 进行各种分析计算，如冲淤量计算、工程量计算、库容计算、断面生成以及洪水风险模拟、严密范围分析等。

6. 地物、地貌数字正影射影像

对重点区域、重点河段进行航空摄影成像，采用全数字摄影测域系统，编制数字正影射影像图，清晰、直观地表示各种地物、地貌要素。

7. 遥感影像和测量资料数据仓库

收集卫星遥感影像，编制区域遥感影像地图，并建立遥感影像数据仓库。根据不同时期的遥感影像，反映全区域治理开发成果，实现对本地区的动态监测。测量资料数据仓库包括各等级控制点、GPS 点、水准点资料，表示出点名、点号、等级、坐标、高程及施测单位、施测日期等。

（五）虚拟现实技术应用

虚拟现实技术（VR）是利用计算机技术生成逼真的三维虚拟环境。虚拟现实技术最重要的特点就是"逼真感"与"交互性"。虚拟现实技术可以创造形形色色的人造现实环境，其形象逼真，令人有身临其境的感觉，并且与虚拟的环境可进行交互作用。

现在虚拟现实技术在水利信息化建设中的应用日渐广泛，如包括如下几个方面。

构建水利工程的三维虚拟模型，如大坝、堤防、水闸等三维虚拟模型，实现了水利工程三维空间示景。

洪水流动和淹没的三维动态模拟，实现了三维空间场景中的洪水演进动画过程，三维场景中洪水淹没情况的虚拟展示。

水利工程规划中枢纽布置三维虚拟模型，包括大坝、泄洪洞、发电厂、变电站等，为工程规划提供直观三维视觉效果场景。

云层和降雨效果渲染三维虚拟模型，模拟云层流动、降雨过程等动态效果。

土石坝、碾压混凝土坝等坝料开采、运输、摊铺、填筑碾压及施工进度和形象的虚拟展示。

防渗体系（防渗墙、防渗帷幕、灌浆）灌浆效果检验及三维动态模拟效果场景。
安全监测布设、效应量三维虚拟模拟、三维场景演化的虚拟展示等。

参考文献

[1] 陈伟，龚和平，潘尚兴，等. 水利水电工程建设征地移民安置论文集2016［M］. 北京：中国水利水电出版社，2017.

[2] 朱显鸽. 水利工程施工与建筑材料［M］. 北京：中国水利水电出版社，2017.

[3] 曾光宇，王鸿武. 水利水安全与经济建设保障［M］. 昆明：云南大学出版社，2017.

[4] 侯超普. 水利工程建设投资控制及合同管理实务［M］. 郑州：黄河水利出版社，2018.

[5] 兰士刚. 上海市水利建设工程质量检测［M］. 上海：同济大学出版社，2018.

[6] 边振华. 水利工程事故应急预案的编制与应急措施［M］. 北京：中国水利水电出版社，2018.

[7] 赵宇飞，祝云宪，姜龙. 水利工程建设管理信息化技术应用［M］. 北京：中国水利水电出版社，2018.

[8] 刘虎，李辉，王南江. 淮河干流疏浚工程应用快速固结和泥水分离技术实践［M］. 南京：河海大学出版社，2018.

[9] 贺小明. 水利水电工程建设安全生产资格考核培训指导书［M］. 北京：中国水利水电出版社，2018.

[10] 邱祥彬. 水利水电工程建设征地移民安置社会稳定风险评估［M］. 天津：天津科学技术出版社，2018.

[11] 鲍宏喆. 开发建设项目水利工程水土保持设施竣工验收方法与实务［M］. 郑州：黄河水利出版社，2018.

[12] 贾洪彪，邓清禄，马淑芝. 水利水电工程地质［M］. 武汉：中国地质大学出版社，2018.

[13] 高占祥. 水利水电工程施工项目管理［M］. 南昌：江西科学技术出版社，2018.

[14] 刘景才，赵晓光，李璇. 水资源开发与水利工程建设［M］. 长春：吉林科学技术出

版社，2019.

[15] 孙玉玥，姬志军，孙剑. 水利工程规划与设计［M］. 长春：吉林科学技术出版社，2019.

[16] 袁俊周，郭磊，王春艳. 水利水电工程与管理研究［M］. 郑州：黄河水利出版社，2019.

[17] 牛广伟. 水利工程施工技术与管理实践［M］. 北京：现代出版社，2019.

[18] 刘贞姬，金瑾，龚萍. 现代水利工程治理研究［M］. 北京中国原子能出版社，2019.

[19] 黄振伟，杜胜华，张丙先. 南水北调中线丹江口水利枢纽工程重大工程地质问题及勘察技术研究［M］. 南京河海大学出版社，2019.

[20] 孙祥鹏，廖华春. 大型水利工程建设项目管理系统研究与实践［M］. 郑州：黄河水利出版社，2019.

[21] 唐洪武，彭静，陈永平. 水力学与水利信息学进展2019［M］. 南京：河海大学出版社，2019.

[22] 张金良. 多沙河流水利枢纽工程泥沙设计理论与关键技术［M］. 郑州：黄河水利出版社，2019.

[23] 邵东国，顾文权，付湘，罗强. 全国水利行业"十三五"规划教材水资源系统分析原理［M］. 北京：中国水利水电出版社，2019.

[24] 王东升. 工程建设标准强制性条文选编［M］. 徐州：中国矿业大学出版社，2019.

[25] 邓彤. 新能源技术发展与第四次产业革命［M］. 北京：中国经济出版社，2019.

[26] 黄本胜，黄锦林，王庆，钟伟强. 广东省中小河流治理工程设计指南［M］. 北京：中国水利水电出版社，2019.

[27] 高明强，曾政，王波. 水利水电工程施工技术研究［M］. 延吉：延边大学出版社，2019.

[28] 许建贵，胡东亚，郭慧娟. 水利工程生态环境效应研究［M］. 郑州黄河水利出版社，2019.

[29] 贾志胜，姚洪林等. 水利工程建设项目管理［M］. 长春：吉林科学技术出版社，2020.

[30] 张奎俊，王冬梅. 山东省水利工程建设质量与安全监督工作手册［M］. 北京：中国水利水电出版社，2020.

[31] 束东. 水利工程建设项目施工单位安全员业务简明读本［M］. 南京：河海大学出版社，2020.

[32] 王永强，苗兴皓，李杰. 2020水利工程二级造价工程师职业资格考试培训教材建设

工程计量与计价实务［M］．北京：中国建材工业出版社，2020．

［33］林雪松，孙志强，付彦鹏．水利工程在水土保持技术中的应用［M］．郑州：黄河水利出版社，2020．

［34］徐士忠．水利行业职业技能培训教材水工闸门运行工［M］．郑州：黄河水利出版社，2020．

［35］于澎涛，朱太山，徐合忠，李明新．南水北调中线沙河渡槽工程建设与运行关键技术［M］．郑州：黄河水利出版社，2020．

［36］刘志强，季耀波，孟健婷，叶成恒．水利水电建设项目环境保护与水土保持管理［M］．昆明：云南大学出版社，2020．

［37］郑晓燕，李海涛，李洁．土木工程概论［M］．北京：中国建材工业出版社，2020．